LES

BIENFAITS

DE LA

MÉTHODE RASPAIL

A ROUBAIX

PAR

Henri CASTEL

MÉDECIN

ROUBAIX

IMPRIMERIE ADMINISTRATIVE ET COMMERCIALE

A. LESGUILLON

17-19, Rue du Vieil-Abreuvoir, 17-19

1875

LES
BIENFAITS

DE LA

MÉTHODE RASPAIL

A ROUBAIX

PAR

Henri CASTEL

MÉDECIN

ROUBAIX

IMPRIMERIE ADMINISTRATIVE ET COMMERCIALE

A. LESGUILLON

17-19, Rue du Vieil-Abreuvoir, 17-19

1875

A Monsieur F. V. RASPAIL

DANS SA PRISON DE BELLEVUE

MON TRÈS-CHER MAITRE,

Le choléra, de funèbre mémoire, en permettant ici
d'ajouter un fleuron de plus à votre couronne médicale a
ouvert enfin à la Méthode Raspail l'entrée du Bureau de
Bienfaisance, entrée que je sollicitais en vain depuis 11
ans, moi médecin du pays, m'étant conformé à la loi et
par conséquent doublement admis à l'exercice de la
Médecine.

L'Administration est composée de personnes notables
de la ville et de sœurs de charité qui, toutes, m'ont prêté
un bienveillant appui au début; mais aujourd'hui tout a
changé, et comme je ne puis laisser croire que votre
Méthode soit abandonnée par les pauvres qui se montre-
raient d'une ingratitude révoltante envers nous, j'ai tenu
à publier diverses lettres adressées aux Administrations
de Bienfaisance et Municipale, ainsi que mes notes qui
serviront à mon Mémoire pour rendre compte des sept
à huit années pendant lesquelles j'ai fait le service sans
éprouver de pression.

J'eus un compte particulier de pharmacie jusqu'au
moment où l'on m'enleva la section générale, c'est-à-dire

en 1871, c'est ce qui me permet de donner des renseignements exacts.

Aujourd'hui, je ne suis plus au Bureau de Bienfaisance
que pour montrer que je ne déserte pas la fonction à
laquelle je fus appelé par M. le Préfet, M. le Maire de
la ville et le Bureau de Bienfaisance ; c'est à peine s'il
arrive encore quelques malades à ma consultation où
tous les pauvres affluaient autrefois ; une pétition a même
été faite pour que l'on me rende la section générale.
Comme le mal le plus grand présente souvent un côté
heureux, je saisis cette fâcheuse circonstance pour
ajouter la liste des personnes qui portent vos appareils
avec lesquels presque toute difformité disparaît.

Les six observations de cas de blessures et de brûlures
qui auraient infailliblement amené la mort chez presque
toutes les victimes, pour ne pas dire toutes, si elles avaient
été traitées par tout autre méthode que la vôtre, ainsi
qu'il est facile d'en juger en les lisant, je les ai adressées
au Conseil général cette année et n'en ai plus entendu
parler.

Un cahier d'autres observations que je me disposais à
remettre au Bureau de Bienfaisance au milieu de 1858,
mais alors le temps me manqua pour le reproduire. Je
l'ai montré à un grand nombre d'amis qui m'ont engagé
vivement à le publier et, comme il est plus que suffisant
pour éclairer tous ceux qui demandent à l'être, je m'y
tiendrai rigoureusement.

Le temps n'aura fait que consacrer ces précieux
résultats.

Les observations qui m'ont servi de réponse aux médecins
qui ont suivi envers moi le système de dénigrement dont
ils vous ont poursuivi et pour ne pas éterniser la lutte
qui se calme ici, je chercherai à ne pas les faire reconnaître
plus qu'il ne le faut.

Mes rapports avec d'autres maisons congréganistes que
celles du Bureau de bienfaisance, avec quelques sœurs
qui soignent les malades en ville, avec des membres du
clergé.

Mon Mémoire adressé en août 1866 à M. le Commissaire
central, à sa demande, sur les cas de choléra que j'avais

traités. La mort qui était en permanence chez les mieux portants nécessitait cette demande.

J'y joins aussi le Mémoire demandé par M. le Maire avec la lettre d'envoi lorsque le terrible choléra (qui laisse encore une charge très-lourde à la Ville par les nombreux orphelins qu'elle doit élever et nourrir) fut passé.

Puisse l'exemple donné dans cette ville où j'eus pour m'aider les personnes courageuses dont je dois citer les noms, être fécond en résultats dans les cités qui seraient atteintes, dans l'avenir, du terrible fléau, et alors nous aurons été bien récompensés.

Malgré l'étendue de tous ces documents, j'y joindrai encore ceux concernant la variole épidémique de 1871, qui ont aussi une grande valeur scientifique. M. le Préfet qui les demanda, a prié M. le Maire de me remercier en annonçant qu'il les faisait remettre au Comité de Vaccine. Je n'en ai plus eu de nouvelles.

J'étais heureux d'apporter dans ma ville natale la *bonne nouvelle,* ici où je ne compte que des amis dans tous les rangs de la société Eh bien ! après avoir donné pendant dix-neuf ans d'une pratique très-suivie les exemples nombreux d'une Méthode de traitement qui a pour base *toutes les sciences* et que pour cette raison vous seul pouviez créer parce que vous les possédez toutes, il faut encore que je vienne la défendre devant des amis, dans leur intérêt et celui de leur famille et j'ajouterai dans l'intérêt des familles dont ils sont les tuteurs.

Puisse cet hommage rendu tout entier à la vérité sans avoir à craindre aucune rectification, apporter un adoucissement à votre captivité qui ne cessera qu'à l'âge de bien près de 82 ans, après avoir triomphé d'une maladie à laquelle nul autre vieillard n'a jamais résisté, et subi plus tard les deux plus effroyables siéges que l'histoire ait enregistrés.

Veuillez agréer, très-cher Maître, l'hommage de la profonde vénération de votre affectionné disciple,

Henri CASTEL.

Roubaix, 1er Mai 1875.

LETTRE ADRESSÉE A MESSIEURS LES MEMBRES DU BUREAU DE BIENFAISANCE

Messieurs les Membres du Bureau de Bienfaisance,

J'ai reçu votre lettre du 15 courant par laquelle vous m'ôtez l'autorisation de traiter les malades nécessiteux de la Ville et ne me laissez plus que ceux de la troisième section : si j'aspirais au repos, je vous remercierais de votre décision ; mais comme le désir d'être utile m'est plus cher, je vous demande la permission de discuter avec vous la mesure qui me frappe.

Le nombre toujours croissant de mes ordonnances vous paraît justifier la mesure que vous prenez envers moi, mais ne prouve-t-il pas plutôt l'excellence de ma façon de traiter que, les malades dans toutes les sections, sont libres d'adopter ou non ?

De plus, les autres malades en dehors de ma section ne sont-ils pas privés du bon de viande qu'ils obtiennent par le médecin de la section lorsqu'il les traite et que j'ai donné pendant quinze mois ? N'est-ce point là encore un moyen puissant pour retenir le malade au médecin de sa section.

Ces deux raisons et celle de devoir attendre beaucoup plus à ma consultation qu'à celle de mes confrères, parce qu'ils ont moins de consultants, prouvent aussi en faveur de la création faite par votre administration et que vous voulez actuellement détruire pour qu'il n'y ait pas dites-vous de priviléges ni déni de justice. Cette création je l'ai attendue pendant onze ans et c'est le choléra, de funèbre mémoire, qui me l'a donnée.

Quant aux dépenses, je trouve dans le relevé de l'année dernière 3,659 ordonnances pour 1,513 fr. ou 41 c. 1/4 pour chacune. Celles de mes six confrères s'élèvant à 10,884 ou 1,814 en moyenne, pour 4,347 fr. ou 724 en moyenne, différence 789 fr. pour un travail 4 fois plus grand, car le traitement est aussi complet que si je l'appliquais à l'hôpital. Je trouve la plainte d'autant plus étonnante que j'ai fait une économie l'année dernière de plus de 200 fr. sur l'année précédente.

Quant à l'abus que l'on vous a rapporté être fait de nos médicaments, j'aurais désiré, Messieurs, que vous eussiez précisé, ayant pris assez de précautions pour ne pas recevoir de reproches depuis près de quatre ans que je remplis ma charge (dont 15 mois sans appointements). Je me croyais parfaitement à l'abri de ce côté.

Dans l'espoir que vous reviendrez sur votre décision d'autant plus regrettable qu'elle arrive dans un moment d'épidémie, sans savoir ce que l'avenir nous réserve, et où cependant j'ai le même succès que dans celle de 1866,

Je vous prie d'agréer, Messieurs, l'assurance de ma parfaite considération.

Henri Castel.

Le 16 Mars 1871.

LETTRE A M. LE MAIRE DE LA VILLE DE ROUBAIX

Monsieur le Maire,

En septembre 1867, votre honorable prédécesseur me nomma Médecin-adjoint du Bureau de Bienfaisance, pour appliquer la *Méthode Raspail* à tous les malades nécessiteux de la ville qui désiraient se faire traiter par ce système de médecine ; j'avais douze bons de viande à distribuer chaque semaine.

Aucun appointement ne me fut alloué pour faire ce service qui a duré quatorze mois. En novembre 1868, alors que c'était vous, Monsieur, qui étiez Maire, je fus nommé Médecin titulaire de la troisième section, qui porte aujourd'hui le numéro 7, aux appointements ordinaires de 600 fr. J'avais les bons de viande de mon prédécesseur ajoutés à ceux pour toute la ville, ce qui n'était que juste. Les malades vinrent *tous* à ma consultation. Dans la même journée, je donnais quelquefois 80 consultations qui ne me prenaient pas moins de deux heures et demie (1).

---

(1) Jusques fin décembre 1868, il fut fait 2,536 ordonnances pour 1,407 francs, soit 55 centimes 1|2 chacune.

En 1869, 3,600 ordonnances pour 1,550 francs, soit 43 c. chacune.

En 1870, 3,680   »   » 1,540   »   » 41   c.»

C'était le tiers de ce qui se faisait dans les six autres sections.

La répartition pour la somme dépensée par chacune d'elles donnait environ 750 francs ; il n'en coûtait donc que cette faible somme de plus pour moi que pour mes confrères, et je donnais un traitement complet ; souvent, je guérissais une maladie au début avec un ou deux bons.

Au bout d'un an, on me supprima les bons de viande pour les pauvres qui n'étaient pas de ma section. L'affluence des malades continuant toujours, on me supprima, en février 1871, ma section générale pour ne me laisser que la section dont j'étais le titulaire, sans penser aux services que je rendais avec la Méthode qui permet de soigner à peu de frais le pauvre chez lui, et je fournissais alors les plus beaux exemples de sa grande efficacité contre la variole épidémique.

On avait demandé qu'un médecin fût avec moi pour soigner les malades qui ne voudraient pas du système Raspail. M. J. Denis y consentit volontiers, mais ne voulait accepter que les malades qui réclamaient ses soins et, très-souvent, il constata qu'on les forçait à aller vers lui, ce qu'il refusait entièrement.

L'été dernier, on me frappa de nouveau en mettant un nouveau médecin, M. Blasart à la place de M. Denis. On lui donna jour, heure et imprimés à son nom pour la consultation ; je me plaignis inutilement à l'Administration du Bureau de Bienfaisance et me promis de ne plus retourner la voir, car, indépendamment de mes plaintes sur cet état de choses, je parlai des appareils orthopédiques (1) que j'ai fait construire à mes frais pour des estropiés pauvres, appareils qui constituent le plus grand progrès que l'on puisse désirer ; mais on ne voulut rien entendre et je vis que c'était un parti pris. A la nouvelle année, on donna la section de M. Carpentier, démissionnaire, à M. Blasart qui avait accepté ce bel acte envers un confrère pour avoir la première place vacante.

M. Derville fit la même chose que M. Blasart ; on me changea mes jours et heures de consultation, sans en prévenir la section dont je suis titulaire, on fit passer M. Derville avant moi, de sorte que lorsque j'arrive à onze heures et demie, je ne trouve personne à ma consultation ; ce sont des procédés qui nuisent beaucoup aux pauvres, car vous vous rappelez sans doute qu'après avoir refusé mes services au Bureau pendant dix ans, M. le Maire, Ernoult-Bayart, est venu les réclamer lors du choléra, que mon rapport demandé par lui, donnait

---

(1) Affligés porteurs de nos appareils orthopédiques, Nos 17, 18, 19, 20, 21, 22, 34, 35, 38, 45.

514 guérisons sur 607 cas. Or, j'avais souvent des moribonds à traiter, ce qui me fournit l'occasion de guérir *six condamnés à mort* dans deux maisons seulement, (chez M. Carette, mécanicien et Mme veuve Legrand), six condamnés par M. Pacquet, décoré une fois l'épidémie terminée (1).

Aussi, j'eus des félicitations de toute la ville et le bonheur de voir que M. Deschodt, mon pharmacien, avait eu une médaille d'or, grand module (2), pour avoir exécuté mes ordonnances pour les pauvres sans vouloir en tirer de bénéfices ; quant à moi qui les avais soignés chez eux aux mêmes conditions pendant trois mois, presque jour et nuit, je n'eus que la satisfaction d'avoir donné un grand exemple au monde entier, et ma médaille arrive à présent comme vous le voyez. Le nom de M. *Raspail* et le mien furent dans toutes les bouches, à propos du choléra et de la variole (3) ; c'est égal, on veut absolument que je donne ma démission ; il y a là une rancune à satisfaire, sans même songer que c'est blesser au cœur la charité chrétienne.

Malgré la longueur de cette lettre, permettez-moi de vous parler du Rapport que j'ai remis à M. le Commissaire central comme relevant de ses fonctions, pour vous être remis ainsi qu'à M. le Préfet : il est signé par MM. Motte-Bossut et fils, adjoint, Motte et Meillassoux frères, Liénard et Walnier, Scrépel-Louage, Hannart frères, Motte et Legrand, tous honorables et très-grands industriels qui sont mes clients. Ils reconnaissent avec moi que le chapitre particulier du Manuel Raspail pour le *Pansement des Plaies et Blessures* est complétement vrai ; qu'il existe depuis 30 ans ; que l'on n'en fait point usage dans les hôpitaux, ce qui est un affreux malheur surtout aujourd'hui que par les machines à vapeur les accidents deviennent si communs et si terribles ; ces

---

(1) J'ai reçu une médaille de bronze avec annotation :
ZÈLE ET DÉVOUEMENT.
S'EST PRODIGUÉ JOUR ET NUIT, SOUVENT GRATUITEMENT.

(2) Votée par le Conseil municipal.

(3) J'ai reçu de la Mairie une lettre de félicitations pour mon traitement de la Variole.

industriels demandent avec moi que ce système soit employé dans les hôpitaux, que l'humanité en fait un devoir, et je me dispose à porter cette importante question devant le *Conseil général;* — c'est la plus simple de toute la Médecine et elle porte l'évidence avec elle comme tout ce qui se voit.

Il y a de plus un tableau des *Sociétés de Secours mutuels* de la maison L. Cordonnier, inséré dans ce rapport, il établit que la maladie dure moitié moins de temps avec nous. C'est un grand exemple pour les villes qui ont les pauvres à soigner et les sociétés de secours mutuels à surveiller, ainsi que la grande cause de la santé publique à défendre.

Espérant que vous ne laisserez pas consommer cette grande injustice dont je viens me plaindre et que vous me réintégrerez dans mes premières fonctions,

Veuillez agréer, Monsieur le Maire, l'hommage de la parfaite considération avec laquelle j'ai l'honneur d'être,

Votre très-humble et dévoué serviteur,

H. Castel.

Roubaix, le 10 Février 1875.

Réponse de M. le Maire de Roubaix.

Roubaix, le 11 Février 1875.

Le Maire de la Ville de Roubaix à M. H. Castel, médecin.

Monsieur,

J'ai pris connaissance de la lettre que vous nous avez fait l'honneur de nous adresser le 10 courant.

Malgré tout notre désir de faire droit à votre demande, nous sommes dans la nécessité de nous abstenir.

L'Administration du Bureau de Bienfaisance est investie de tout pouvoir et il ne nous appartient pas de nous immiscer dans sa gestion, toute dans l'intérêt de la classe pauvre dont elle défend les intérêts avec un rare dévouement ; c'est donc à cette Administration que je vous prie de vous adresser.

Agréez, Monsieur, l'assurance de ma considération très-distinguée.

Signé : Louis WATINE-WATTINNE,
adjoint.

Il me fut donné connaissance d'une note émanant du secrétaire du Bureau de Bienfaisance relative à ma lettre à M. le Maire, et disant que ma lettre n'était qu'un long factum de ce que j'avais fait au Bureau de Bienfaisance, que j'étais aujourd'hui dans les conditions de tous les autres médecins du Bureau de Bienfaisance et que si les pauvres ne voulaient plus de moi ce n'était pas la faute du Bureau.

La première chose qui ressort de cette note, c'est que, grâce aux comptes séparés de ma Médecine jusqu'en 1871, on ne peut révoquer en doute mes chiffres. La deuxième, c'est que l'on voudrait pouvoir dire que la Méthode Raspail est abandonnée par les pauvres eux-mêmes.

Le dépit se montre par ce mot « factum » et je conduirai le lecteur par la main à la réponse de l'autre « *si les pauvres l'abandonnent ce n'est pas la faute du Bureau de Bienfaisance.* »

1° On me retire le bon de 1 kilog. de viande que j'avais à distribuer chaque semaine, sous prétexte qu'une femme avait reçu un bon au médecin du quartier, comme si tout le monde était passible de la faute d'un individu ! Mais, dans ma réponse, je dis que j'inscrivais les noms de ceux à qui je donnais mes bons et les autres médecins aussi, — ce qui rendait le contrôle très-facile, la suppression n'en fut pas moins maintenue ;

2° L'on me retira la section générale qui m'avait été donnée par la Ville avant que je ne fusse nommé Titulaire. Cela ne suffisant pas, on envoyait les malades à M. Denis qui leur adressait cette question : Est-ce vous qui m'avez demandé ? — Non, c'est la sœur qui m'a envoyé. — Alors adressez-vous à M. Castel. On allait faire changer le billet d'invitation de visite et on me l'apportait.

La belle conduite de M. J. Denis ne satisfaisant pas le Bureau, on appela, comme je l'ai dit, M. Blasart, jeune médecin peu connu. Déjà l'on m'avait redemandé les bons de 1 kilog. de viande que je tenais du Bureau pour les distribuer à mes malades pauvres, la distributrice des secours me disant que tous mes confrères lui confiaient les leurs. Ils servirent dès lors d'appâts pour faire abandonner ma consultation.

Je me suis rendu auprès du Bureau de Bienfaisance pour me plaindre. Ici se place une question. M. Denis traitait ceux qui ne voulaient point de ma médication, alors que j'avais la section générale; mais dès que je n'avais plus qu'une section comme tous les autres médecins, je devais rester seul comme eux.

Mais on me dit.: Vous avez un système et tout le monde ne l'aime pas. J'ai un système dites-vous? Et je réponds : est-ce sérieux? on blâme qui a un système, on porte aux nues qui n'en a pas!

Les ouvrages de l'École de Médecine donnent quelquefois 10 et 15 traitements différents, pour la première maladie venue. Il s'en suit que chaque médecin traite autrement que son confrère. Le malade est-il libre d'appeler un autre médecin que celui de son quartier? Non. Pourquoi le faire envers moi?

Autre chose! Autrefois il y avait à l'hôpital un médecin homœopathe pour les *hommes seulement* et des médecins allopathes pour les femmes, et cet état, qui montre plus que tous les raisonnements le peu de sérieux de la médecine routinière, n'a cessé qu'à la mort du médecin homéopathe. C'était bien ridicule! tandis que le moyen pris pour moi était parfait : liberté au pauvre comme au riche de choisir son médecin. Ce moment de vraie liberté a jeté un éclat que je ne veux pas voir effacer à dessein.

Je voulus aussi parler de mes appareils orthopédiques que j'avais payés : il y eut 1500 fr. de dépenses en 7 ans, mais je fus aidé pour près de moitié, et c'est ainsi que je fais marcher et travailler des ouvriers qui auraient toujours été à la charge de la Ville. Je ne fus pas écouté, dès lors je ne pouvais pas revoir ces Messieurs. Plus tard je me suis décidé à écrire à M. le Maire et vous avez vu, comme je m'y attendais du reste, qu'on laissait tout à la charge de l'Administration du Bureau de Bienfaisance, ce qui fait que je n'ai plus que le public pour juge.

A la nouvelle année, M. Carpentier ayant quitté Roubaix, on donna sa section à M. Blasart et on fit arriver M. Derville à sa place. On surenchérit encore, on lui donna l'heure de 10 heures 1/2 qui était déjà une heure très-avancée pour les ménagères, et à moi 11 heures 1/2, ce qui dépassait l'heure à laquelle le Bureau était ouvert autrefois. On changea toutes les heures des autres médecins qui s'en plaignirent beaucoup, mais nous sommes si peu écoutés ! M. Bayart, ennuyé, donna sa démission, et M. Derville prit tout de suite sa place, de sorte que n'étant même pas encore connu de tous ses confrères, je n'eus l'avantage de le voir qu'au Bureau de Bienfaisance, où il arrivait tout à coup médecin d'une section ! Qu'on dise encore qu'on n'aime que les étrangers à Roubaix !

Et c'est ce médecin, si nouveau, à qui on procure tous mes malades !

Inutile de dire ici tout l'éloignement que l'on montre pour moi à ceux qui désirent me consulter. La femme Edouard Fleury, rue Saint-Joseph, a été grandement soulagée par un pessaire articulé que je lui ai fait prendre. Aujourd'hui, cette femme est pauvre, elle est venue me demander d'avoir le même pessaire du Bureau ; je la fis revenir au Bureau à mon heure de consultation, elle ne put obtenir une carte ; elle me le répéta, je lui conseillai d'aller à la visite de M. Derville, elle y alla et obtint le pessaire.

La femme Debonnet demeurant au Cul-de-Four, qui a un appareil sous le n° 19, ne savait pas avoir de carte d'entrée, on lui disait que ce n'était pas ma section, tandis que c'est le point principal de ma section.

On le dit également pour le fort Wacrenier, rue de l'Homelet.

Pierre Sculbute, rue Basse-Masure, âgé de 75 ans environ, demeure avec une petite fille de 14 ans qui travaille en fabrique. Cet ouvrier ne veut que moi, parce que je l'ai guéri d'un polype qu'il fallait arracher constamment ; il avait une très-forte grippe et ne pouvait pas sortir ; la jeune fille quitta plusieurs fois l'ouvrage pour avoir les médicaments que j'avais prescrits en allant le voir, et toujours elle fut renvoyée parce qu'elle était trop jeune, ce que voyant je l'ai traité et guéri à mes frais.

César Mathon, cour Lagache, avait trois enfants malades, deux fortes bronchites et fièvre vermineuse puisque tous ont rendu des vers, une maladie de cœur que je désespérais de guérir mais dont je vins aussi à bout. J'avais une invitation de visite, mais sa femme qui avait ses enfants à soigner, son dîner à faire, ne pouvait pas venir à 11 heures 1/2, elle envoyait son garçon à ma consultation à sa rentrée de classe. Plusieurs fois j'ai vu qu'on lui refusait l'entrée du bureau.

Le nommé Louis Laporte, rue Saint-Jean, 12, avait été traité et guéri par moi pour un anthrax. Il eût plus tard un furoncle et s'empressa de venir me voir, pouvant à peine marcher. Je le traitai gratuitement parce que cet homme est pauvre et retournai le voir chez lui. Je lui fis même une incision. En retournant le voir le lendemain, il me dit qu'ayant besoin de secours, sa femme était allée au Bureau où elle avait déclaré son état à la sœur qui lui avait demandé quel médecin le traitait ; sur sa réponse que c'était moi, la sœur dit qu'il fallait, pour avoir des secours, voir le médecin du quartier et donna un billet de visite à M. Derville qui s'y rendit. Il fit une incision très-forte et ordonna de la farine de lin pour cataplasme. Sur mes observations, le malade prétendit qu'on l'avait forcé et qu'il avait perdu beaucoup de sang. Je lui objectai qu'on ne pouvait pas forcer un malade à prendre tel ou tel médecin et cessai de le voir. Depuis je me suis convaincu que cet homme avait dit la vérité. J'étais d'autant plus fâché que MM. Meillassoux qui rendent le plus de services qu'ils peuvent avec notre Méthode, fournissaient généreusement tous les médicaments nécessaires à Louis Laporte, — ce que M. Derville a pu voir en allant chez le malade.

En publiant ces cinq ou six cas, je démontre ce qu'une enquête produirait si on voulait la faire.

Liste des estropiés qui ont fait construire nos appareils orthopédiques.

———

1. **Mlle Louise Isbecq**, fabricante à Tournai. — Appareil à redressement du genou. La flexion était d'au moins 60°. Cette demoiselle marchait avec des béquilles depuis l'âge de 4 ans, elle en avait 25, et l'on crut à Tournai que c'était à une opération chirurgicale qu'elle devait de marcher aussi bien que nous.

Son appareil fut construit én 1857.

2. **Mlle Louise Kièbe** de Roubaix. — L'exemple de Mlle Isbecq servit à faire construire un appareil à cette personne ; elle fut aussi très-satisfaite. — Là c'était une tumeur blanche ancienne qui ne permettait pas l'emploi du système à extension graduée, qui fait obtenir nos grands résultats. Cet appareil lui permit seulement d'être debout toute la journée avec la jambe malade moins fatiguée que la jambe saine, et de marcher très-bien malgré un raccourcissement de 8 centimètres.

3. **M. Henri Descat-Libouton**, apprêteur à Roubaix. — Ce jeune homme âgé de 19 ans eut un appareil qui lui permit de bien marcher quoiqu'ayant une jambe plus longue. Cette jambe avait toujours été en traitement, elle était d'une faiblesse extrême. Je dois dire que cet appareil à cause d'une difficulté plus grande pour monter un escalier, n'a été porté que quelques années, ce que j'ai fortement blâmé. La claudication est revenue très-forte à cause de la faiblesse du membre et des douleurs que les durillons du pied font éprouver.

4. **M. Nuyttens,** employé de commerce. — A l'âge de 8 ans il eut une coxalgie qui dura jusqu'au moment où la tête du fémur sortit de la cavité cotyloïde, que l'on appelle, mais bien à tort, luxation spontanée. C'est au moment où il était près de mourir que l'on me fit appeler.

J'arrivai à le faire marcher avec une béquille ayant un raccourcissement de 7 à 8 centimètres, puis je fis appliquer l'appareil à réduction pour la luxation du fémur qui fit rentrer la tête dans la cavité cotyloïde et aujourd'hui il n'y a plus qu'un raccourcissement de 3 centimètres qui porte sur la différence de longueur des os. La preuve, c'est que le tibia est un centimètre et demi plus long à la jambe saine qu'à celle malade. J'ai constaté ce fait avec M. J. Denis, qui admira ce résultat. C'est aujourd'hui un grand beau garçon marchant sans appareil.

5. **M. Rogie,** instituteur à Marcq, près Lille. — Il avait une tumeur blanche qui le forçait à marcher avec des béquilles et l'avait conduit au marasme. C'était encore une luxation du genou méconnue puisque l'appareil à extension a grandement amélioré l'état de son genou.

Il marche très-bien aujourd'hui.

6. **M. Mullier,** retordeur à Tourcoing, rue des Coulons, 12. — Il avait été à l'hôpital pour affection du genou en 1848, c'était pour ces Messieurs une tumeur blanche qui n'avait pu être améliorée pendant 22 ans.

Notre traitement l'a remis sur pied en 6 mois et guéri de son marasme (1). C'était encore là une luxation incomplète.

7. **Mlle Clabaud,** tisserande à Mouveaux. — Elle avait un raccourcissement du membre et une flexion de la jambe d'un arc de cercle de 60°, elle marchait sur la pointe du pied en pliant tout le corps, faisant dévier la colonne vertébrale. Elle est guérie complètement de sa prétendue tumeur blanche du genou et n'a plus que quelques centimètres de raccourcissement. Depuis trois ans elle marche sans l'appareil.

M. Dupont, médecin, m'a témoigné son admiration pour cet appareil et le résultat obtenu.

8. **Mme Joséphine,** rue de la Lys. — Tumeur blanche du pied, son appareil n'a pu lui être que peu appliqué, la phthisie dont elle était atteinte ayant fait des progrès

---

(1) L'appareil orthopédique lui permet d'être debout toute la journée.

rapides. Six mois plus tôt cette dame aurait pu être guérie de sa phthisie, en réduisant sa luxation méconnue.

C'était un appareil qui m'avait satisfait pleinement.

9. M. Reboux, à Lille. — Il avait les deux genoux très-arqués. Il est venu me voir pour le genou droit qui le faisait souffrir. Il en fut guéri et je lui conseillai un appareil double qui lui a parfaitement réussi ; il a pu reprendre son état de fileur bien qu'âgé de 45 ans.

10. M. Vandebeuque-Herbaut. — Il a aussi les deux genoux très-arqués. J'ai vu M. Reboux si satisfait que je lui ai conseillé le même appareil, il y consentit, mais ne l'a point porté.

11. Mlle Deleporte-Rotru, ferblantière, rue des Ecorcheurs. — Luxation spontanée en haut du fémur, appareil commandé par M. Denis médecin, partisan de nos appareils depuis que je l'ai fait juge pour l'appareil Nuyttens.

J'ignore le résultat de l'appareil de Mlle Deleporte.

12. M. Vandewiele, rue Jacquart, 8. — La jambe gauche était fléchie presqu'à angle droit chez sa jeune fille âgée de 14 ans. L'appareil à extension fut employé pendant huit mois, puis l'appareil à redressement : aujourd'hui elle peut marcher sans appareil. C'est un cas admirable.

13. M. Delespaul, fabricant. — Garçon de 9 ans traité depuis l'âge de 3 ans pour une tumeur blanche du genou, tout avait été employé et on voulait chloroformiser pour étendre le membre par la force. C'est alors qu'on m'appela. Notre médication l'a guéri. Notre appareil le fit très-bien marcher. Il s'est adressé à un autre orthopédiste de Lille. J'ai vu la grande infériorité ou plutôt l'appareil ne remplissait plus mon but.

14. M. Sory, instituteur à Néchin. — Son fils âgé de 7 ans ne marchait qu'avec l'aide d'une canne et d'une béquille, pour une luxation de la rotule que l'on ne pouvait maintenir réduite. Ce garçon marchait parfaitement six mois après. Nul doute qu'il est complétement guéri actuellement.

15. Mlle Joubert, à Aniches. — Cette demoiselle était âgée de 25 ans, elle avait la jambe si faible que la béquille était indispensable, même pour la station debout. Il y avait en même temps raccourcissement. Elle fut si heureuse de son appareil qu'elle m'adressa un estropié de la pire espèce.

16. Crétal Joseph, fermier, à Gevenchy-en-Gohelle. — Ce garçon âgé de 15 ans avait la jambe fléchie à angle droit lorsqu'il vint sur la recommandation de Mlle Joubert. Je vis que cette Demoiselle ne doutait plus de rien à notre égard, son espoir ne sera pas déçu et nous aurons là encore un résultat magnifique.

17. M. Bouvry Etienne, au Cul-de-Four. — Tumeur blanche du genou qu'il portait depuis 3 ans. Il passait beaucoup de temps à l'hôpital. Je le fis travailler avec l'appareil que je lui donnai. La ville avait dépensé la valeur de deux fois son prix pour des soins inutiles.

18. M. Braqmann François, Cour Flipo, 1. — C'est un enfant de 7 à 8 ans qui marchait avec une béquille pour qui j'ai cru pouvoir faire arranger un appareil, je fus obligé d'en faire construire un nouveau. Il marche très-bien sans autre secours et sa jambe se redresse petit à petit.

19. M. Debonnet, Cul-de-Four. — La même chose eût lieu pour un enfant du même âge que le précédent.

20 Mlle Sophie Lecomte, Cour Agache, rue Chapelle-Carette. — Membre raccourci de 8 centimètres et très-fléchi par suite de tumeur blanche. Traitée par M. Lespagnol mort en 1849 et M. Paquet ensuite, elle marchait sur la pointe du pied en pliant tout le corps, son appareil lui a permis de travailler comme les autres ouvriers et de se tenir tout le jour sur ses jambes. Elle s'est mariée dans la même année.

21. Mlle Vleminck, à Wattrelos. — Désarticulation du genou, après 8 à 10 ans de souffrance, douleurs très-vives pour le moindre mouvement, jambe et cuisse presque de la grosseur du corps, l'appareil lui a rendu la marche, mais ici avec une béquille, et le repos de la nuit qu'elle ne connaissait plus depuis longtemps, elle ne pouvait s'empêcher de jeter des cris.

22. M. Desbarbieux D., Cour Defontaine, rue Saint-Antoine. — Pieds bots comme sa mère, pointes tout-à-fait en dedans qui se touchaient et marchant sur le bord externe des deux pieds et l'extrémité des métatarsiens. Ses pieds se redressent d'une façon étonnante et lorsqu'il est chaussé il a les pieds presque droits ; cet enfant présente une observation très-intéressante.

23. M. Henri Baisé, Cour Cavrois. — C'est un fileur qui avait une artrite aiguë pour laquelle il venait de passer trois mois à l'hôpital sans résultat, il fut renvoyé. Je l'ai guéri chez lui. Plus tard, je rompis l'ankylose avec l'appareil et obtint 45° de flexion. Il put franchir un escalier comme nous dès qu'il eût fait usage de l'appareil pendant cinq à six semaines.

24. **M. Catel,** boulanger au Blanc-Seau. — Il marchait depuis plus de deux ans avec deux béquilles, pour une fracture double des malléoles avec luxation complète. L'appareil simple à sustentation lui a de suite permis de faire toutes ses courses avec une simple canne et de se passer de l'appareil au bout de sept à huit mois. Cet appareil a fait l'étonnement de MM. les Membres du Bureau de Bienfaisance.

25. **M. Grouillon,** ourdisseur à l'Epeule. — Même cas que le numéro 20, n'est plus fatigué le soir, en travaillant beaucoup plus qu'auparavant. C'est M. Catel qui l'a décidé à faire son appareil, il en fut de suite très-satisfait.

26. **M. Dutilleul**, rue Saint-Maurice. — Enfant de 7 à 8 ans qui avait un raccourcissement de 7 à 8 centimètres. Petite fille très-capricieuse, elle ne marchait qu'en sautillant et avec le bras de sa mère; l'appareil à sustentation avec semelle de liège dans la chaussure, la fait très-bien marcher.

27. **M. Dupont**, plafonneur. — Luxation de l'articulation de la hanche avec raccourcissement de 7 à 8 centimètres. La colonne vertébrale déviait, il fallut aller chercher la jambe malade avec l'appareil, derrière la bonne jambe. La santé de cet enfant souffrait beaucoup. Là encore succès admirable dans le plus grand de tous les cas de coxalgie.

28. **Mme veuve Leveugle,** cabaretière à la Cloche, rue d'Alma. — Appareil à extension ayant produit un redressement si considérable de la jambe que son jeune homme âgé de 16 ans, aujourd'hui employé de commerce, peut se passer de l'appareil. Son pied etait très-éloigné du sol, quand il marchait avec une béquille et une canne.

29. **M. Depraete,** cabaretier, rue d'Alma. — Jeune fille de 17 ans avec un cas semblable au précédent, a fourni le même exemple.

30. **Mme Gallet,** à Marquillies. — Tumeur blanche au pied gauche par suite de luxation. Son appareil a été peu porté, elle a succombé à une pleurésie traitée par le médecin de la localité. Mais cette dame était très-satisfaite de son appareil, qui portait le corps sans fatiguer le pied et remédiait très-bien à la déformation et la corrigeait.

31. Mlle Delescluse, à Lille. — Appareil à redressement, raccourcissement six centimètres, à cause d'une flexion très-forte de la jambe. Je n'ai pas revu cette jeune personne.

32. M. Loridan, ancien commissaire-priseur, qui eut un accident grave en chemin de fer et une fracture de cuisse, où le cal ne se formait pas. Il y a là une fausse articulation. Il marche à présent avec une canne, grâce à son appareil que M. J. Denis médecin lui a fait construire.

33. Mlle Brochard, rue de la Guinguette, 69. — Appareil à redressement pour une flexion très-forte du genou. La jeune personne âgée de 13 ans marchait sur un pilon de 12 centimètres. Elle marchait très-bien avec son appareil, et aujourd'hui elle s'en passe souvent.

34. Mlle Mariseal, hameau du Capreau. — Jeune fille de 23 ans, marchant avec canne et béquille, faisant un travail étant assise, je l'ai fait marcher sans autre secours que l'appareil que je lui ai fait construire. Elle avait aussi une tumeur blanche avec flexion sous un angle de 60°, il fallut mettre 6 centimètres de liège.

35. M. Henri Locufier, rue Saint-Joseph, 40. — Cet homme passa un mois à l'hôpital, pour une chute sur le bras, ayant aussi produit une luxation méconnue, que j'ai en partie réduite avec le même genre d'appareil employé dans les cas n. 37 et 38 et il put reprendre son travail après deux mois de traitement. Il est veuf avec quatre enfants en bas-âge. Il n'aurait plus pu travailler s'il n'avait pas eu notre appareil pour redresser son bras.

36. M. Poissonnier, rue des Carliers, à Tourcoing. — Un pied bot chez son enfant a été complétement redressé sans sectionner les tendons, aujourd'hui nous redressons l'autre. Le premier appareil est là pour attester la gravité de ces deux cas. Le médecin avait dit que c'était un rêve que de vouloir redresser ces pieds-là.

37. M. Oudard, coiffeur à Lille, Place de la Gare. — Sa dame toussait beaucoup, elle était menacée de phthisie à cause d'une prétendue tumeur blanche au pied droit. Je ne vis là qu'une luxation méconnue. L'appareil à redressement eut encore cette fois, un plein succès et son pied est pareil à l'autre.

Cette guérison est admirée de beaucoup de monde et pourtant c'était le même cas que le numéro 8.

38. Mme Dhaisne, rue de la Longue-Chemise, 37. —

Par l'appareil qui a servi à guérir le cas numéro 37, je vais aussi guérir cette femme pauvre, d'une luxation qui aurait pris le nom de tumeur blanche et l'on aurait rejeté l'insuccès sur la constitution qui laisse en effet à désirer.

39. M. Demarcq, boulanger, rue Bernard. — Luxation ancienne, réduite et guérie comme celle de Mme Oudard. On faisait prendre à cette jeune personne de 18 ans du phosphate de chaux. Les os du pied étant malades, disait-on !

40. M. Marcelly, fabricant, à Courtrai. — Appareil à luxation de la hanche pour une demoiselle de 13 ans, qui toussait beaucoup. L'appareil était parfait mais ne pût être porté à cause de la phthisie. Six mois plus tôt j'aurais eu le même résultat qu'à Roger et Mullier et quoique l'appareil n'ait point servi, il en a fait construire plusieurs.

41: M. Hilarion-Frémaux. — A la suite d'une chute sur une veranda il eût toute l'extrémité inférieure de l'avant-bras détruite. le carré pronateur, le radius et le cubitus se voyaient très-bien. On a proposé l'amputation immédiate, mais je m'y suis opposé et l'ai guéri. L'usage de sa main ne pût lui être rendu à cause des filets nerveux qui furent coupés sur une grande étendue. On lui construisit un appareil très-ingénieux, pour lui faire tenir sa fourchette et des cartes à jouer. Cet appareil est parfait.

42. M. Théodore Scrépel-Louage. — Je fis faire deux petits appareils à redressement des doigts, très-jolis, remplissant parfaitement le but, mais qui ont été peu portés, parce que l'on s'habitue à un estropiement et qu'un appareil est toujours quelque peu gênant.

43. Mme veuve Leleu, rue de Canteleu, à Lille. — Vient de recevoir pour son fils, un appareil à luxation de la hanche, elle y fut fortement engagée par l'exemple de M. Dupont. Là encore j'aurai un beau résultat à enregistrer pour ce cas si grave.

44. M. Vandevelle Alfred. — C'est le petit blessé qui ne peut étendre le bras par suite de la rétraction du derme au pli du coude.

Je lui ai fait construire un appareil pour l'étendre progressivement et j'y suis arrivé. C'est un cas bien remarquable.

45. M. Alfred Janssens. — Appareil pour pied bot, pied équin, avec lequel je voulais redresser le pied et faire marcher ce jeune homme sans fatigue au moyen de l'appareil, tous deux combinés ensemble. Là mon but a manqué par la faute du jeune homme.

46. **M. Piat,** à Tourcoing. — Appareil pour maintenir en place l'omoplate qui s'en allait en arrière. Comme si l'extrémité inférieure n'était plus maintenue par les fibres musculaires qui s'y attachent. C'est un cas intéressant et très-rare.

*M. le Président, MM. les Conseillers-Généraux
du département du Nord.*

Messieurs,

J'ai l'honneur de vous exposer que, depuis dix-huit ans, j'exerce la médecine par la méthode du célèbre F. V. Raspail faisant ainsi la preuve devant mes concitoyens que les nombreuses innovations qu'elle renferme sont autant de bienfaits pour l'humanité souffrante.

En 1866, après le terrible choléra, la ville entière éclata en témoignages d'admiration pour cette bienfaisante méthode ; il en fut encore de même pour l'épidémie de variole et variole hémorrhagique même, les deux rapports demandés par l'Administration municipale m'ont valu des témoignages de reconnaissance et sont déposés aux archives.

Aujourd'hui, Messieurs, j'ai l'honneur de vous soumettre un rapport dont l'original fut remis aux mains de M. le Commissaire central de Roubaix, comme relevant de ses fonctions, sur les six cas de blessures et brûlures de la plus grande gravité établissant à lui seul que M. Raspail avait le devoir de dire en 1845, et de répéter depuis :

*« Avec le pansement ci-dessus décrit, on n'a à
» redouter aucun accident consécutif d'une opération
» chirurgicale, quelle qu'en soit l'importance : ni fièvre
» traumatique, ni tétanos, ni gangrène, ni érysipèle,*

» *ni pus de mauvaise nature et le travail de la cicatri-*
» *sation commence dans les vingt-quatre heures.* »

Ce rapport établit, de plus, que l'on peut attendre les efforts de la nature avant de rien retrancher, car ces six observations qui devraient être des observations *chirurgicales* sont toutes des observations *médicales*. Ce qui fait que sept de nos grands industriels m'ont donné la clientèle de leurs ouvriers blessés et viennent demander avec moi que le pansement par la méthode Raspail soit employé dans toute sa bienfaisante pureté dans tous les hôpitaux, jusque là ils soigneront tous leurs blessés eux-mêmes.

J'espère, MM. les Conseillers-Généraux, que vous émettrez un avis favorable à ma demande ainsi qu'à celle de mes clients qui l'ont apostillée de grand cœur; le dernier signataire a mis en place un rapport sur les caisses de secours de son établissement prouvant que la durée de la maladie est moitié moindre avec notre médication qu'avec une autre.

Daignez agréer, Messieurs, l'hommage de la parfaite considération avec laquelle j'ai l'honneur d'être votre très-humble et dévoué serviteur,

HENRI CASTEL.

RAPPORT

Adressé à M. le Commissaire-Central de la ville de Roubaix, sur des accidents de la plus grande gravité arrivés dans des usines mues par machines à vapeur.

Le 23 juin 1874, MM Motte & Meillassoux frères se conformaient à la loi pour un accident grave arrivé à Alfred Vandevelle âgé de 13 ans, demeurant rue de Lannoy, n° 298.

Le pouce était entièrement arraché ; le premier métacarpien et les deux phalanges sont sortis successivement sans que l'on puisse les y soupçonner entre quinze jours et quatre semaines après l'accident, par le pli du coude. Quinze jours plus tard il fut encore extrait un fragment du métacarpien, celui qui lui manquait. Le radius était fracturé à la partie inférieure, toutes les parties profondes du bras et surtout du pli du coude étaient presqu'à découvert. Pour recoudre cette masse de chair pendante, il fallut faire sept points de suture ; je fus assisté par M. J. Denis médecin, ainsi que pour l'accident Delvoit dont je parlerai. Heureusement M. J.-B. Meillassoux était là pour donner les premiers soins (comme il les donne d'habitude) à cette affreuse blessure et arrêter l'hémorrhagie ; outre cela le bras avait été aplati entre deux rouleaux ; puis repris entre deux autres à cause de l'étoffe qui était derrière, et c'est ce qui amena l'arrachement complet du pouce, et une pression si forte que toutes les parties charnues du bras et de la main tombèrent en détritus, le tout formait une énorme plaie quinze jours encore après l'accident.

Cette affreuse blessure fut traitée comme toutes celles que je traite depuis 18 ans, par le pansement Raspail et par sa médication. Une plaie semblable constitue une maladie qui aurait enlevé le jeune sujet : il fut huit jours sans aller à la selle malgré les purgatifs, et quinze jours à manger avec répugnance les petits potages que je le forçais à prendre.

Le 20 décembre 1873, MM. Motte & C^{io} faisaient la déclaration d'un autre accident arrivé à Charles Delloder demeurant au fort Déprets.

Ce garçon âgé de 14 ans avait eu les deux dernières phalanges des quatre doigts de la main arrachées, mais pas régulièrement puisqu'il put reprendre lui-même des fragments d'os qui se présentèrent (il s'en est présenté quatre). Le pouce était entier mais effrayant à voir, tout le dessus de la main était comme charcuté, le pansement de cette affreuse blessure présentait une difficulté extrême : pendant deux mois je dus aller le lui faire deux fois par jour ; tout le quartier et les patrons ne pouvaient croire que l'on pouvait éviter l'amputation de la main, c'est cependant ce qui eut lieu et il a pu reprendre son travail d'autrefois quoiqu'il ne reste plus que la phalange de chacun des quatre doigts de la main.

Le 20 août 1873, Henri Delvoit, rue de Ma Campagne, âgé de 30 ans, ouvrier mécanicien eut la main prise entre deux engrenages, elle fut coupée très-obliquement depuis le pouce jusqu'au petit doigt qui fut le seul épargné, les autres os du métacarpe furent tous fracturés à divers endroits, il fallut retirer les os du pouce et un ou deux os du métacarpe cinq ou six semaines après l'accident pour achever la guérison ce qui se fit sans nulle difficulté. Lorsque l'accident eut lieu il y avait une forte hémorrhagie que nous arrêtâmes très-bien avec nos hémostatiques, mais qui nous força à la plus grande surveillance pendant huit jours. La main ne tenait pour ainsi dire plus, il ne fallait qu'un coup de bistouri pour l'enlever c'est ce que l'on me conseillait de faire et l'on fut bien surpris de m'entendre dire que j'espérais la conserver, je ne trouvais que des incrédules, c'est cependant ce qui a eu lieu et si les filets nerveux n'avaient pas été broyés sur une grande étendue dans cette énorme blessure il se servirait de sa main avec le pouce en moins.

Le 11 mai, M. Achille Scrépel eut une jeune fille blessée à un banc-broche, (ce sont des pointes aussi longues et aussi fines que des aiguilles, fixées solidement et représentant des brosses). Plus de **cent** cinquante de ces pointes lui étaient entrées sur le dos de la main et il fallut toute la force de trois hommes vigoureux pour les retirer. On tremble lorsque l'on pense qu'une seule pointe entrée à la moitié de la profondeur de cette énorme quantité de pointes, produit souvent le Tétanos, et ainsi que je l'ai dit à M. Scrépel, c'était là qu'était le danger. Je la fis veiller pendant quatre à cinq jours afin d'être rassuré de ce côté. La guérison complète et sans accident eut lieu en moins de trois semaines.

Une même observation eut lieu chez MM. Motte & Legrand, pour la nommée Louise Dulaurier, à Croix, c'est identiquement la même.

Le 11 février 1874, MM. Holden & Cie à Croix eurent leur premier chauffeur, M. Bazin, ébouillanté jusqu'au dessus du genou : il était tombé dans un réservoir d'eau bouillante et de vapeur, et quoiqu'il eût eu de fortes et très-hautes bottines, il n'en eut pas moins une brûlure au troisième degré, aux chevilles, à la plante du pied jusqu'en haut de la jambe. Pendant les trois premières semaines ce fut une véritable maladie dont bien des personnes crurent qu'il ne reviendrait pas; deux mois et demi après il put reprendre un peu la surveillance en se faisant conduire et marchant avec des béquilles. Il a fallu cinq mois pour avoir la guérison complète.

Je dois aussi mentionner un accident chez MM. Motte & Meillassoux frères, d'un ouvrier qui eût le bras laminé entre le plateau d'une turbine et la poulie. La machine ou plutôt la turbine cassa lorsque le bras arriva au coude, le bras n'aurait pas pu être plus serré s'il avait été mis dans un étau.

Il présentait un aspect violacé très-prononcé qui aurait fait craindre ou plutôt demander une amputation immédiate ; là encore succès complet en sept ou huit semaines.

Je m'arrête à ces six cas de la plus grande gravité dont la moitié au moins a été déclarée à la police. Si les autres ne l'ont pas été c'est à cause de la sécurité que donne notre pansement à ceux qui l'emploient.

Il deviendrait fastidieux d'en énumérer un plus grand nombre, car ce sont toutes blessures où l'on aurait amputé de suite et l'on sait que la mort suit souvent de très près, et cependant les plaies et blessures faites par nos machines à vapeur sont bien plus graves que celles faites par le chirurgien dans une opération utile au malade. Je pourrais aussi fournir la preuve que l'on n'a rien à en craindre mais après ce rapport je crois ce soin parfaitement inutile.

Et pour obtenir ces énormes résultats, si consolants pour l'humanité, que faut-il? Associer le camphre à l'alcool, à l'huile, à l'axonge, suivre les indications du Manuel Raspail, et l'on peut garantir la guérison des plaies et blessures qui ne sont pas mortelles de leur nature ainsi que l'attesteront avec moi les chefs de grands établissements de notre ville où notre pansement a été appliqué sur une grande échelle. On sait que malgré toutes les précautions possibles, il arrive encore beaucoup d'accidents.

J'espère, M. le Commissaire, que vous voudrez bien faire parvenir ce rapport qui ressort tout entier de vos attributions à qui de droit afin que l'humanité ne soit pas privée plus longtemps d'un si grand bienfait indiqué par la science il y a 35 ans et devenu populaire dans le monde entier.

Veuillez agréer, Monsieur, l'assurance de ma parfaite considération,

H. CASTEL,
médecin.

Voici maintenant quelques attestations qui corroborent mon rapport.

Le pansement par la méthode Raspail étant certain pour les plaies et blessures, je me joins volontiers à M. Castel, pour demander son introduction dans les hôpitaux.

Dix-huit années d'expérience dans mes ateliers me donnent le droit d'être aussi affirmatif.

Signé : SCRÉPEL-LOUAGE.

Les soussignés, manufacturiers demeurant à Roubaix,
Reconnaissent que le traitement par la méthode Raspail a produit de très-bons effets sur les différents blessés que M. Castel a soignés, plusieurs de leurs ouvriers ont été très-gravement atteints et leur guérison a été aussi satisfaisante que possible.

En présence de ces résultats, les soussignés n'hésitent pas à recommander le traitement des blessés par le système Raspail, et ils apprendraient avec satisfaction que les Administrations de l'assistance publique aient consenti à faire expérimenter ce système.

Signé : Motte & Meillassoux frères.

Nous soussignés, certifions que la Méthode Raspail, employée par M. Castel pour les blessés de notre établissement, a toujours eu d'excellents résultats et verrions avec plaisir ce mode de traitement se propager de plus en plus pour les cas où nous l'avons vu expérimenter soit blessures ou accidents qui arrivent dans les usines.

Roubaix, le 28 août 1874.

Signé : Motte-Bossut & Fils.

Nous attestons que les ouvriers blessés que nous avons fait traiter par M. Henri Castel ont tous été parfaitement guéris.

Nous nous associons au désir manifesté par les signataires précédents, de voir cette méthode autorisée dans les hôpitaux.

Roubaix, le 28 août 1874.

Signé : Hannart frères.

Depuis plusieurs années M. Castel, de Roubaix, soigne nos ouvriers malades et blessés avec le plus grand succès par le système Raspail. Nous verrions avec plaisir cette Méthode introduite dans les hôpitaux.

Tourcoing, le 19 septembre 1874.

Signé : E. Liénard & Walnier.

Nous soussignés, filateurs de laine, demeurant à Roubaix,

Certifions que depuis deux années nous avons soigné tous nos blessés par la Méthode Raspail. Nous nous plaisons à reconnaître que ce mode de traitement a toujours bien réussi. Nous apprendrions avec une vive satisfaction son usage dans les hôpitaux.

MOTTE & LEGRAND.

Roubaix, le 15 août 1874.

Monsieur Castel, médecin à Roubaix,

J'ai l'honneur de vous adresser le relevé des différentes caisses de secours mutuels de la fabrique de M. Louis Cordonnier par chaque année. La différence que l'on remarque est sensible, entre vous et les autres médecins et fait le plus brillant éloge de la médecine Raspail que vous représentez avec tant de dévouement depuis de longues années, aussi, j'adresserai un relevé pareil à M. Raspail.

Je ne saurais jamais lui témoigner assez la reconnaissance que l'humanité lui doit ; heureusement, mon relevé en dit plus que toutes les paroles, car 220 sociétaires dont on a traité toutes les maladies pendant deux ans, cela constitue une preuve suffisante que tout le monde doit reconnaître.

Recevez, M. Castel, ma vive reconnaissance et mes remerciements les plus sincères.

Le Secrétaire,
CYRILLE CAQUANT.

TABLEAU DES TISSERANDS

Années	Sociétaires	Journées des malades	Prix	Sommes payées	Moyenne	Médecins
1868-69	82	585	1,50	.873	10,50	Médecine ordinaire, moins 4 mois, où ce fut M. Castel.
1869-70	97	678	»	1,017	10,50	
1870-71	70	459	»	688	9,80	
1871-72	90	572	»	858	9,40	
1872-73	118	380	»	571	4,85	Castel.
1873-74	107	390	»	587	5,50	

TABLEAU DES FILEURS

1868-69	22	145	2,00	290	13,50	Médecine ordi-
1869-70	23	44	»	88	4,00	naire, moins 4
1870-71						mois, où ce fut
1871-72	24	172	»	344	15,00	M. Castel.
1872-73	23	133	»	266	11,50	Castel.
1873-74	24	79	»	158	7,00	

TABLEAU DES JOURNALIERS

1868-69	17	388	2,00	777	22,00	Médecine ordi-
1869-70	22	137	»	275	12,50	naire, moins 4
1870-71						mois, où ce fut
1871-72	20	98	»	197	9,90	M. Castel.
1872-73	27	77	»	155	5,70	Castel.
1873-74	32	129	»	258	8,00	

Ayant établi différentes sociétés parce que les récriminations se produisent toujours facilement là où les emplois et les salaires sont différents, je ne rends compte que de la société des tisserands, journaliers et fileurs, les autres sociétés étant trop peu nombreuses ; cependant le résultat en est le même (1).

Signé : CYRILLE CAQUANT.

Il y eut un changement de médecin avant mon entrée, et les chiffres furent les mêmes.

Dans l'année 1871-72 j'ai pris le service quatre mois avant la fin de l'année, et en 1870-71, il y eut peu de travail et par conséquent peu d'ouvriers. C'est ce qui explique la différence avec 68-69 et 69-70.

---

(1) Ici j'ouvre une parenthèse. Je reçois 2 francs par sociétaire, si tous les habitants de la ville, petits et grands, payaient cette somme soit 160,000 fr. pour 80,000 habitants qu'il existe, les médecins au nombre de quatorze recevraient chacun 11,500 fr. Alors tous accueilleraient les moyens les plus efficaces de guérison et seraient tous d'accord. La question d'intérêt étant supprimée sur quoi les médecins pourraient-ils se diviser ?

Reproduction d'un cahier d'observations sur les cas les plus intéressants de la Méthode Raspail

CLOS LE 30 JUIN 1858.

Opérations de Cataractes

M. Marissal, Cour à Clous, rue de Lille. — Cet homme aveugle depuis longtemps, fut opéré d'un œil d'abord sur lequel l'opération réussit parfaitement. L'autre œil fut opéré quand il fut guéri de la première opération, il fallut employer pendant longtemps le traitement de l'amaurose; il finit par voir aussi bien de cet œil que du premier.

M. Moulard, manœuvre, Cour Debuchy, Grande-Rue. — Sa femme était aveugle. Huit ans auparavant on avait fait l'opération de la cataracte sur un œil, elle existait aux deux yeux et on l'avait à peine fait voir pour se conduire, puis la vue s'était encore complétement éteinte. L'opération fut faite sur l'autre œil et quoique là aussi des symptômes d'amaurose se montrèrent elle voit bien de cet œil, on réopéra le premier sans obtenir de résultat mais sans inflammation.

M. Honoré, Cour de la Trompette, 13, rue de la Fosse-aux-Chênes. — Son épouse avait une cataracte double, ancienne sur un œil et nouvelle sur l'autre. On ne voulut point l'opérer à l'hôpital, elle voit parfaitement d'un œil, sur l'autre la cataracte s'est reformée. Il n'y eut point d'inflammation.

Mme Rosalie Leclercq, lessiveuse, rue du Bois. — Opération qui lui a rendu la vision des deux yeux. Il n'y eut point d'inflammation. Elle dût faire le traitement de l'amaurose pendant quatre mois ; ce n'est qu'au bout de ce temps que la vue lui est revenue progressivement.

Mlle Dubrulle, à Wattrelos. — Jeune fille âgée de 30 ans, elle mendiait, elle était aveugle depuis sa plus tendre enfance. En la rencontrant dans une maison j'examinai ses yeux et reconnus une cataracte double. Je lui fis part de nos heureux résultats au moyen d'une opération, elle y consentit mais là il n'y eût point de résultat : elle eut un œil qui suppura entièrement, et l'autre œil où l'opération réussit parfaitement, la vue ne revint pas malgré notre traitement contre l'amaurose.

M. Dubrulle fils était dans le même cas que sa sœur, mais il était de sept à huit ans moins âgé. Il fut opéré aussi, il eut aussi un œil qui suppura et un où l'opération réussit, mais il fut plus heureux que sa sœur, le traitement de l'amaurose lui a rendu la vue.

Affections des yeux les plus graves.

M. Leclercq, rue des Arts, à Lille, avait une amaurose et une opacité complète de la cornée qui redevint transparente et c'était ce qui m'étonnait le plus ainsi que ses amis qui avaient l'habitude de le voir. Les deux yeux furent guéris étant complétement aveugle.

M. Lenglin, à Wazemmes, fut aussi guéri d'une cécité complète, ainsi qu'un tisserand demeurant à Roubaix dans le quartier de l'Épeule.

Je relate ces trois cas qui furent traités par M. Raspail même et les ai reproduits dans mon premier opuscule parce qu'ils se sont passés sous nos yeux et qu'ils sont un encouragement pour les malheureux aveugles qui n'ont pas la vue complétement éteinte.

M. Henri Tencé, aux Trois-Ponts. — Sa femme fut frappée de cécité en même temps que du choléra. La vue lui est revenue peu à peu : au bout de trois mois de traitement elle put recommencer à tisser.

M. Gérard, boulanger, aux Trois-Ponts, avait la cornée transparente aux deux yeux presque opaque. Avant mon traitement il avait des douleurs de tête très-vives et marchait comme un aveugle qu'il était à peu près. Il y avait 15 ans que la maladie a commencé il a été vu par beaucoup de médecins. Après avoir été traité pendant trois mois il a été heureux de l'amélioration qu'il a obtenue et a pu reprendre un peu le travail interrompu pendant de longues années.

Une Dame demeurant chez M. Barat, rue de Gand, 15. — Cette femme eut une ophthalmie purulente sur les deux yeux, elle fut guérie très-promptement. Ce fut M. Barat aveugle pour la même maladie qui me l'envoya.

M. Kerkove, rue Sainte-Catherine, à Saint-Joseph. — Son enfant était aveugle par suite du renversement des paupières qui étaient grosses comme des amandes. Impossible de les retourner, c'était effrayant, les yeux étaient entièrement cachés. Il est bien guéri

Mme veuve Pochon, aux Trois-Ponts: — Cette femme avait déjà un œil frappé d'amaurose quand il lui survint sur le bon œil une ophthalmie granuleuse, elle est guérie mais n'a qu'une vue très-faible.

Mme veuve Thibaut, rue de Paris, à Lille, fut guérie d'une ophthalmie granuleuse très-intense dont elle avait été aveugle pendant plusieurs jours.

M. Languebien, cabaretier, rue de la Barre, à Lille. — C'était une épidémie dans cette maison. Ils étaient quatre ou ciuq tous fortement attaqués de maux d'yeux. Le père avait eu une ophthalmie granuleuse tout l'hiver. Quand il vint me voir il était on ne peut plus malheureux. En très-peu de temps il fut guéri ainsi que sa famille.

M. Baudart, travaillant chez M. Defrenne, rue du gros Gérard. — Cet homme vint me visiter à ma consultation gratuite étant aveugle, ses yeux ne paraissant pas malades il revint plusieurs fois et fut guéri.

M. Baumont, rue Saint-Sauveur, à Lille. — Cet homme était à l'hôpital pour une ophthalmie granuleuse, il y avait kératite, on l'avait saigné, mis des collyres dans l'œil, brûlé les granulations avec le nitrate d'argent et son état était toujours le même. On ne savait plus que faire (pour des cas semblables j'ai vu saigner une partie et purger l'autre). Il s'est parfaitement guéri.

M. Lemaire, rue Saint-Sauveur, à Lille. — Cet homme ne faisait qu'entrer et sortir à l'hôpital, il était bossu et d'une mauvaise constitution, ses yeux étaient affreux, il ne pouvait pas se conduire. L'exemple de la guérison de Beaumont lui fit prendre mon traitement qui le guérit à peu près ; il travaille.

Mlle Marie, servante chez M. Leleu, rue de Paris, à Lille. — J'ai dit dans mon premier opuscule qu'elle avait eu une ophthalmie purulente et que l'œil où l'on n'avait pas mis de collyre, parce que l'on croyait la cornée détruite, était revenu comme avant d'être malade et que l'autre œil où l'on avait mis le nitrate d'argent eut un staphylome qui l'empêche de voir.

Une jeune fille qui était à l'hôpital pour la même maladie est aujourd'hui aux incurables, elle est aveugle.

M. Marga eut aussi la même maladie sur un œil. Il fut traité à Gand, eut un staphylome aussi et perdit cet œil.

M. **Duhamel**, cabaretier, rue de l'Épeule, perdit les deux yeux ainsi que l'enfant Monet, teinturier, rue de l'Abattoir.

Chez tous ces sujets la solution de nitrate d'argent avait été employée à haute dose.

Choléra.

Mlle **Henriette,** domestique de M. Liévin Gadenne.
— Elle avait un grand mal de gorge, quand elle me fit
appeler. Vers le soir on vint me demander pour lui donner
un vomitif, il semblait à la malade qu'il lui aurait fait grand
bien, parce qu'elle sentait quelque chose à la gorge qui lui
donnait envie de vomir. Je me rendis chez elle et à peine
entré elle se plaignit de crampes aux mains puis aux pieds,
aux mollets, crampes que nous combattîmes avec l'aide de
deux personnes et de l'eau sédative ; puis arrivèrent les vomissements et les crampes à l'estomac que la liqueur hygiénique
enraya. Pendant une demi-heure ce fut une scène terrible et je
couchai dans la maison tant on était effrayé, mais la nuit
fut calme. Il lui survint beaucoup de symptômes typhoïdes
ensuite, qui la tinrent encore longtemps malade, mais elle
s'est guérie complétement.

Mlle **Lucie,** chez M. Grouillon, rue Pauvrée. — Elle
avait des selles nombreuses depuis un ou deux jours, et une
perte d'appétit complète ; elle parlait à peine de son état
ne voulant pas effrayer les personnes de la maison. Elle
buvait des tisanes pour se rafraîchir disait-elle. Mais le
dimanche matin on entendit un grand bruit dans sa chambre, elle était tombée sans connaissance, ne pouvant plus
se tenir debout. Quand elle fut relevée elle faisait des
efforts incessants pour vomir, la matière était caractéristique, les crampes et les selles ne permettaient pas de s'y
méprendre. C'était un tableau aussi effrayant que chez
M. Gadenne. Le traitement du *Manuel* agit encore avec une
promptitude étonnante. Toute la maison consternée quelques
instants auparavant, s'était remise complétement et le père
Grouillon de s'écrier : « Je voudrais que tous les incrédules
» à l'endroit de la médication Raspail fussent ici ; ils ne
» pourraient plus douter que ce savant ait donné le traite-
» ment de ce fléau. »

Madame **Henri Tancé.** — Les symptômes que j'ai
décrits en parlant de la cécité de cette femme ne doivent-ils
pas être rattachés à cette terrible maladie ?

Méningite ou fièvre cérébrale.

M.**Dujardin,** rue de la Brasserie. — Je fus appelé, après un autre médecin, pour son enfant qui avait eu des convulsions, il n'est pas inutile de dire qu'il avait laissé des vers, le traitement de cette affection, le mit dans un état satisfaisant et le fit croire guéri. Mais la maladie recommença avec son affreux cortège : des convulsions pendant quinze jours ! Nous avons lutté contre elles mais en vain. Avant de mourir il laissa encore un lombric, quoique cet enfant prenait bien les vermifuges que nous lui donnions. Voyez l'erreur de ceux qui croient que l'on expulse les vers tout de suite avec un seul vermifuge. Le médecin qui constata le décès a dit que je lui avais brûlé le cerveau, cela s'est dit en 1858 et se dirait encore en 1875 ! Mais alors pourquoi l'enfant de

M. **Mathy,** mécanicien chez M. Paulus, se porte-t-il parfaitement bien quoiqu'il en ait eu énormément sur la tête, car la maladie était devenue générale à la suite de la rougeole ; pneumonie, angine et accidents typhoïdes existaient ensemble, l'enfant avait 13 mois. Il y avait pour tout cela de la ouate de coton autour du cou et on le tenait chaudement !

M. **Ségard,** tailleur près le Chemin de fer. — Avait perdu sept enfants de la fièvre cérébrale, il ne restait plus qu'une petite fille qui commençait « comme les autres, » au dire de la mère. Fièvre, douleurs de tête, convulsions, tout disparut avec l'eau sédative.

Madame **Lerouge,** près le Bois de la Vigne. — La même chose en tout s'est passée chez elle. On m'appela pour la petite fille qui avait été condamnée par deux médecins, elle avait commencé le jour même par présenter le cas le plus grave, ballonnement du ventre, convulsions effrayantes, fièvre très-forte, cela durait depuis cinq à six jours, c'est alors que l'on me fit appeler. De suite l'on employa notre traitement. Le lendemain matin, elle se trouvait infiniment mieux. L'enfant était en bonne voie, cela continua pendant quelque temps. Je mettais toujours les parents en garde contre une rechute, mais depuis qu'elle allait mieux, on ne pouvait que difficilement lui faire prendre notre médication vermifuge. La cause de la maladie n'était pas disparue; elle recommença à agir et avec elle les convulsions Elle nous fut enlevée après nous avoir donné tout espoir.

M. **Vannoye**, rue des Fabricants. — Avait son enfant à la dernière extrémité, le médecin avait déclaré qu'il n'aurait pas passé la nuit. Il le traitait avec de l'eau froide sur la tête, vésicatoires sur la poitrine, tisane gommée et défense de le bouger de son berceau; c'est dans cet état qu'on commença à appliquer notre traitement d'après les conseils d'un voisin qui le savait condamné et qui ne le croyait pas aussi mal, il le voyait pour la première fois. Cet enfant qui avait eu aussi des convulsions et qui ne bougeait pas les yeux en passant la chandelle vis-à-vis, est parfaitement guéri. Inutile de dire que vésicatoires et eau froide furent enlevés.

Zoë Sorel, alors âgée de 4 à 5 ans, était aussi traitée pour une méningite par deux médecins qui l'avaient condamnée après avoir recommandé l'emploi des glaces, c'est alors que les parents prirent notre traitement et elle s'est guérie parfaitement.

M. **Loridan Tettelin**. — Sa petite fille fut aussi fortement atteinte et se guérit de même.

M. **Vanmulhem-Delespaul**. — Son enfant eut aussi à supporter cette terrible maladie et s'en est aussi très-bien guéri.

M. **Liévin Gadenne**. — Ses deux enfants ont eu cette affection avec convulsions et s'en sont bien guéris.

M. **Martin Callicant**, près l'Épeule. — Sa petite fille âgée de 4 à 5 ans fut prise comme les autres de convulsions, fièvre très-forte, soubresaut des tendons, constipation opiniâtre; elle poussait des cris très-forts; cette enfant effrayait beaucoup sa mère qui en avait perdu quatre ayant commencé par être moins atteints que cette petite. Mais elle reprit courage lorsqu'elle vit que nous agissions sur tous les symptômes graves et put bientôt se tranquilliser entièrement. L'enfant laissa des vers à plusieurs reprises.

M. **Florimond Legrand**, rue Notre-Dame;

M. **Leleu-Foveau**, rue de Paris, à Lille;

M. **Clovis Meurisse**, rue Nain, à Roubaix;

M. **Denis Scudden**, domestique chez M. Wattine-Prouvost ;

M. **Lefebvre,** son voisin ;

M. **Bayeux,** épicier près le Collége ;

tous ont eu des enfants atteints de convulsions très-fortes qui ont été guéris presque tout de suite.

M. **Poutrain,** rue Pellart, avait son enfant condamné ainsi que M. **Jacquart Auguste. —** L'eau froide, le vésicatoire et le mercure avaient été employés et l'enfant de M. Poutrain était condamné à mourir dans la nuit ; le lendemain matin, ô surprise ! l'enfant allait mieux et ce mieux continua, mon ami A. Deveugle, s'était mis à la traverse et avait arraché ces deux petites victimes à la mort !

Fièvre typhoïde.

Madame **Lefebvre,** cabaretière, au Vert-Pré. — Ce fut la première guérison qui montra le grand bienfait de notre traitement. Il y avait quatre jours qu'elle avait fait appeler le médecin ; il avait appliqué des sangsues à l'épigastre, elle faisait une diète sévère, prenait de la tisane de graine de lin ; les douleurs d'estomac, de gorge, de tête, ainsi que la fièvre n'avaient point été amendés par ce traitement et le médecin disait que c'était la maladie de quarante jours. C'est dans cet état que l'on commença à employer notre médication et six heures après elle n'avait plus de douleur. Le lendemain elle se leva, et six jours après elle laissa six vers en allant vendre des fruits au marché.

M. **Delvoye,** au Vert-Pré, près le château de M. Lemaire-Réquillart. — C'est un voisin de M. Lefebvre, qui avait sept malades chez lui :

1. La mère avait le ventre ballonné, elle était hydropique ; les jambes étaient amaigries et elle souffrait beaucoup ; elle se plaignait aussi de la tête et il était difficile d'obtenir d'elle de bonnes raisons ;

2. Il y avait dans une chambre, au bout, un enfant qui râlait, il était couvert de vésicatoires ;

3. Une jeune fille qui était pliée en deux de maux d'estomac depuis quinze jours ;

4. Une jeune fille de 8 à 9 ans qui éprouvait tous les mêmes symptômes que le petit garçon avait éprouvés et qui était dans le lit depuis 10 jours environ ;

5. Une autre qui commençait aussi la maladie mais qui n'était pas encore alitée.

6. Une sixième qui avait des douleurs affreuses à la tête ;

7. La deuxième des filles qui avait commencé la première à être atteinte de cette terrible affection ; elle avait les facultés mentales altérées, caractère et habitude tout était changé et l'on voyait que cette maladie avait fait de profonds ravages ; il y avait de quoi être effrayé de ce tableau. Le père qui m'avait prié de donner mon avis, parce qu'il avait

vu la guérison si prompte de la femme Lefebvre, était aussi
malade de fatigue. Il n'était pas riche, il était toujours
debout avec quelques voisins. Je l'engageai à suivre notre
traitement, mais vu que le cas était si grave il ne devait
prendre conseil que de lui-même. Cela se passait deux ans
avant que j'allasse à l'École de médecine, il répondit que
puisque le médecin ne faisait rien et que j'avais obtenu un si
beau succès chez son voisin, il était décidé à suivre mon traitement. Tout de suite les bons effets se sont manifestés, ce qui
lui a donné beaucoup de courage, et quatre semaines après
tout ce monde était rétabli, sauf le petit garçon. Le médecin
allant toujours voir les malades, ne demandait plus après
lui, le croyant mort depuis deux jours. Le père et les bons
voisins qui l'ont aidé et qui ont tous suivi le traitement
préventif n'ont point été atteints de la maladie

M. Hubert Courrier, rue de la Redoute. — Fut un
des premiers à reconnaître les bienfaits de notre traitement,
d'autant plus qu'il avait perdu quatre enfants avec les
médecins ; qu'il n'avait fait qu'aggraver sa position quand
il a été les trouver pour un crachement de sang. Il s'est
guéri d'abord, puis sa femme et quatre autres enfants qui
ont eu toutes les complications de cette terrible maladie. Il
n'emploie jamais plus autre chose chez lui que notre traitement et tous se portent bien ; il est un des plus ardents à
le propager et souffre de voir le monde employer encore des
médications incendiaires quand on voit tous les jours des
résultats les plus satisfaisants avec les moyens les plus
inoffensifs. C'est ce qu'il a écrit lui-même à M. Raspail.

M. A. Prouvost, rue du Pays. — Ayant perdu deux
enfants avant que deux autres ne devinssent malades, il
voulut les soigner par notre traitement. Sa conviction était
basée sur les nombreux exemples qu'il eût sous les yeux, il
résista à toutes les obsessions de ses parents et amis qui ne
lui laissaient point de repos pour qu'il appelât la docte
Faculté (c'est toujours ainsi partout). Mais quand la guérison vient encore confirmer notre règle de traitement on
courbe la tête et l'on va recommencer ailleurs. Ces deux
enfants donc eurent la fièvre typhoïde avec ses complications :
toux opiniâtre, inflammation des parotides et des lèvres,
surdité, rétention d'urine, ils éprouvaient les mêmes symptômes ; chez l'un on trouva six vers dans le lit et chez l'autre
l'on n'en vit pas de reconnaissable ; la guérison n'eut pas
moins lieu chez l'un comme chez l'autre, ce qui prouve
bien que le traitement serait encore bon lorsque l'on
n'admettrait pas avec nous que cette maladie (dont les vers

rendent si bien compte) ne serait pas une affection vermineuse.

M. **Delberque**, à Quesnoy. — Le fils vint malade, le
médecin qui le traita, le condamna à ses parents au bout
de dix à douze jours qu'il le voyait. L'on avait bien employé
quelque peu notre traitement, mais la maladie était si
forte qu'il fallait tous nos soins; c'est alors que le père
me pria d'aller le voir et bientôt il fut hors de danger.

M. **Dupont**, à Wattrelos. — Cet homme avait une
fièvre très-forte, des douleurs de tête, une langue très-
chargée. Il se croyait à son dernier moment. Notre traitement interne et externe enleva les symptômes graves et il
put reprendre son travail sept à huit jours après le début
de nos visites. Sept à huit lombrics avaient été laissés par
le bas.

M. **Dumoulin,** ourdisseur chez M. L. Gadenne. — La
même observation pour lui, des vers nombreux furent
aussi laissés.

M. **Claron** fils, marchand de poissons. — Ce garçon
était fort amaigri quand je fus appelé; il toussait beaucoup,
il avait toujours la fièvre, il était dans un état très-grave.
Je pensais que la maladie avait fait trop de progrès pour
qu'il puisse guérir. Mais là encore nous obtinmes un plein
succès.

M. **Gadenne Louis**, frère de Liévin. — Avait dû
quitter le travail se sentant très-malade. La fièvre, les
douleurs de tête et de ventre faisaient craindre l'affection
typhoïde; dans la même journée il se débarrassa de ces
fâcheux symptômes, mais il fut très-faible pendant sept à
huit jours. Au bout de ce temps il se remit au travail.

M. **Henri Queslin.** — Eprouva en tous points les
mêmes symptômes et dut aussi être sept à huit jours sans
travailler; il se débarrassa de suite de ce qui faisait craindre une maladie grave.

M. **Florin-Decrême** fils. — Avait été atteint comme
les premiers, mais il avait cherché à lutter contre ce qui
menaçait d'arriver. Vaincu par la maladie, au bout de huit
jours il eut recours à nous. Il fallut le soigner quatre ou
cinq semaines, des symptômes graves se montrèrent, tels
que l'hémorragie intestinale. Elle fut vite arrêtée.

M. **Vienne,** à Quesnoy. — Vint me voir ici me deman-
dant mes conseils pour préserver sa femme de la fièvre
typhoïde; il avait vu mourir chez lui une sœur à sa femme

qui avait été soignée par deux autres sœurs atteintes à leur tour de la fièvre typhoïde.

L'aînée, qui était malade, ne voulait à aucun prix entendre parler de notre traitement qui avait tant étonné la commune, elle avait de plus empêché sa plus jeune sœur de le suivre. Deux consultations avaient eu lieu avec un médecin de Lille, ce médecin les avait trouvées très-mal et n'osait pas donner d'espoir. M. Vienne avait demandé des moyens préventifs pour lui et sa femme, on lui avait répondu qu'il fallait qu'il fasse soigner ces malades par une autre personne et qu'ils n'entrassent plus dans leur chambre, ce qui veut dire, d'abandonner les malades. C'est alors qu'il vint me voir pour savoir ce que je dirais. Je lui donnai le régime préventif à suivre, ils continuèrent à soigner leurs malades eux-mêmes et ils n'éprouvèrent aucune atteinte du mal ; ils obtinrent de l'ainée d'employer l'eau sédative et les cataplasmes du Manuel et les malades, condamnées par le médecin consultant, revinrent à la santé. Cette guérison fut attribuée par un petit nombre de personnes aux anciens médecins qui avaient essayé trois ou quatre traitements. Cet exemple montre que l'on peut soigner les malades sans crainte et que l'on peut se préserver de la maladie.

M. **Louis Renaux.** — Eut son enfant fortement atteint, fièvre, douleurs de ventre, de gorge, yeux enfoncés dans leurs orbites, facies mauvais ; on se rendait toujours maître de la fièvre et des douleurs, mais l'un et l'autre reparaissaient. Enfin après trois semaines environ l'enfant fut guéri et laissa une douzaine de lombrics à la fin de sa maladie.

La même observation en tout pour l'enfant de J. Bailly, il laissa onze lombrics dans sa convalescence.

M. **E. Werquin.** — Eut aussi les mêmes symptômes chez sa petite fille, elle laissa quatre ou cinq vers et fut guérie en quelques jours.

M. **Tricot**, domestique chez M. Decottignies-Dazin. — La même observation pour son enfant, guérison en deux jours.

M. **Lecomte**, Fort Wattel, 23. — Cet homme s'était plaint à M. Achille Wibaux que le médecin des pauvres que l'on avait été chercher depuis deux jours pour sa petite qui avait laissé un ver par le vomissement, ne venait pas. M. Wibaux m'écrivit, pour me prier d'aller soigner cette enfant pour son compte ; je le trouvai souvent dans la

maison en allant voir cette petite malade, il eut la preuve
que chez cette enfant tous les symptômes de la fièvre
typhoïde étaient complets et étaient dûs à la vermine intestinale; le corps du délit était là et sa disparution coïncida
avec la cessation des douleurs, il n'y avait pas moyen de
douter.

Femme **Wauquier,** à Toufflers. — Cette femme était
malade depuis quinze jours, les cheveux étaient coupés pour
pouvoir appliquer beaucoup d'eau froide, le délire existait à
l'état continu. Elle avait été administrée. Elle était profon-
dément amaigrie et avait des escarres au sacrum.

La vue de cette femme faisait mal, elle s'était échappée
de son lit et avait été demander à la cuisine qui était le
maître. Eh bien, l'eau sédative triompha de suite de cette
forte fièvre. Elle me reconnut cinq minutes après la première
application et causa avec moi. Au premier lavement vermifuge qui lui fut donné elle a laissé quinze gros lombrics et
beaucoup d'autres ensuite. Cette femme se rétablit complétement après avoir été condamnée par son médecin, et
tous ses voisins l'appelèrent la ressuscitée Eh bien! un
grand nombre de personnes sont mortes, dans cette commune, qui n'ont pas été le quart aussi atteintes. Quelle
leçon! Mais le médecin n'en a nullement profité.

M. **Allard,** près Jean-Guislain. — Il y eut là trois
personnes assez malades, fièvre, céphalalgie, douleurs par
tout le corps. L'intervention de notre méthode mit fin à ces
fâcheux symptômes et tout disparut en quelques jours.

MM. **Stalens Lepers, Leruste, Richard Cogez,**
rue du Collége, **Fourez,** cour Billet, **Denis Scudden,**
Louis Leruste, fabricant. — Ont tous eu leurs enfants
guéris, pour la plupart en quelques jours, après avoir rendu
de ces helminthes que l'on appelle lombrics, en plus ou
moins grand nombre.

M. **Tibaut.** — Cet homme pleurait chez M. Jh Wattine,
parce que son fils unique avait la fièvre typhoïde depuis
trois semaines au moins et qu'il était condamné. M. Wattine
engagea ce malheureux père à changer de traitement et de
venir me voir de sa part, ce qu'il fit. Il s'est bien guéri de
sa maladie, et un jour qu'il passait devant une porte où son
ancien médecin causait avec la dame, celui-ci l'appela pour le
montrer à cette dame, en lui disant : « Tenez, en voici un
que nous avons ressuscité, nous n'en guéririons pas toujours
un comme cela sur cent ! »

Rougeole.

M. Mathy, près le Cul-de-Four. — Son enfant était fortement tenu de la gorge et ne savait plus avaler. L'oppression était extrême, il avait une fièvre très-forte et la figure exprimait l'abattement le plus profond. Cet enfant avait la rougeole, on le tenait chaudement et on lui avait mis de la ouate de coton à la gorge, mais voyant que, malgré tout, il allait mourir, des amis lui conseillèrent de venir me chercher. Avant de me rendre chez cet homme je lui dis d'aller prévenir son médecin de ne plus se déranger, ce qu'il fit, mais il y retourna encore dans l'après-midi et voyant que c'était moi qu'on était venu chercher, ce médecin tint les propos les plus inconvenants et les plus grossiers sur mon compte. A ce sujet, je lui écrivis une lettre dont j'attends toujours la réponse. Chez cet enfant, il y avait donc répercussion et dans les voies respiratoires et à la gorge, cet état si grave disparut complétement en quatre ou cinq jours

M. Grau, serrurier. — Eut ses deux enfants atteints de cette maladie, la toux et l'oppression ainsi que les troubles de la défication prouvaient bien que l'économie entière était atteinte et qu'il fallait une médication très-puissante pour guérir, ce qui eut lieu pourtant au grand étonnement de beaucoup de personnes.

Mais le plus jeune des enfants fut malade aussi, il y eut chez lui des vomissements très-répétés avec un fort ballonnement du ventre. Je vis ces symptômes avec inquiétude et fis part de mes craintes au père, l'événement ne nous donna que trop raison et je crois que l'autopsie, si elle avait eu lieu, nous aurait montré les traces d'une péritonite consécutive à une perforation intestinale.

M. Auguste Jacquart. — Eut aussi son enfant atteint de rougeole. Les traces disparurent, mais les complications arrivèrent du côté de la poitrine et du ventre, et les parents, malgré leur grande confiance en notre méthode, parce qu'ils avaient eu un autre enfant ressuscité par elle, doutèrent qu'il se serait guéri. La fluxion de poitrine était si forte que l'enfant ne pouvait respirer. Les parents passèrent trois ou quatre nuits auprès de lui, s'attendant toujours à le voir mourir, mais grâce à leurs soins constants et à leur courage, il se rétablit parfaitement.

M. **F. Six,** boucher. — Eut un enfant malade, le médecin l'avait condamné, il avait une stomatite et la maladie qui l'accompagne souvent. Aussitôt que notre traitement fut employé le mieux se déclara et ne se démentit pas.

Je n'ai parlé jusqu'ici que des enfants qui ont été guéris ayant eu la rougeole avec complications graves. La maladie tant qu'elle est à l'état simple n'est rien en elle-même, le traitement du Manuel la dissipe comme par enchantement ainsi que la scarlatine. Barat et Senoutzen à Lille, Crépel à Marcq, Vanoye, en sont des exemples frappants.

Variole.

Mlle **Lenglet,** à Lille. — Fut atteinte de cette grave maladie à l'âge de 22 ans, elle était traitée par un médecin de Lille. Le traitement indiqué au Manuel l'a guérie très-bien et sans qu'elle porte aucune marque. Le traitement était suivi à l'insu du médecin, il l'apprit seulement lorsque la malade fut rétablie. Je dois dire qu'il n'a montré aucune colère contre notre médication, ce qui est chose très-rare.

Mlle **Joséphine Oudard,** chemin du Jean-Guislain. — Agée de 20 ans fut aussi atteinte de variole. L'éruption était complète quand je fus appelé, la figure était couverte de pustules, beaucoup étaient purulentes. J'empêchai la maladie de laisser aucune trace, nos médications venaient calmer la démangeaison, combattre la fièvre et empêcher les complications; cet exemple et celui de sa sœur se trouvent dans mon opuscule.

On récompense par une médaille ceux qui vaccinent beaucoup d'enfants, c'est une très-bonne chose, mais je viens de donner des exemples irrécusables que l'on a le traitement de la maladie et à ces exemples on pourrait en ajouter bien d'autres, puisque nous sommes quinze médecins inscrits qui exerçons d'après cette méthode. Voilà cependant une maladie, où il ne peut pas y avoir de contestation, elle tire son nom de ses caractères extérieurs comme la rougeole et la scarlatine.

Affections du genou.

Mlle **Amélie Codron.** — Cette jeune fille portait un mal au genou que ses divers médecins appelaient tumeur blanche, elle en souffrait depuis douze ans, on avait employé les pointes de feu en nombre considérable. M. Merville trouvait ce moyen bon, mais il aurait voulu qu'on employât les barres de feu ! Il va sans dire que les vésicatoires avaient été employés aussi ; elle souffrait beaucoup plus à certains moments que dans d'autres, ce qui lui permettait encore de faire son travail, mais elle devait rester beaucoup de temps au repos chaque année et alors on la faisait beaucoup souffrir et on finissait souvent par proposer l'amputation de la cuisse, ce à quoi elle n'a jamais consenti. Quoique très-souffrante elle a fait un voyage à Bruxelles et M. Raspail lui ayant promis la guérison de son mal, si elle suivait bien son traitement, elle le fit pendant deux ans et depuis quatre années la guérison se maintient, il n'y a que l'ankylose qui est restée. M. Raspail n'hésita pas à dire que le mercure était cause du début de ce mal, ce qui fut prouvé par les antécédents. Il fit employer hardiment les moyens anti-mercuriels, tels que les peaux d'animaux et les bains de sang, et la guérison vint confirmer ce diagnostic. Les médecins disaient qu'elle avait un tempérament scrofuleux !

Comment peut-on encore après cela se servir d'un pareil agent pouvant produire des maux si difficiles à guérir !

M. **Lorthiois.** — Cet homme avait été traité pendant trois mois, à l'hôpital. On avait employé les visicatoires, les pommades, des bains émollients, il se voyait sur le point d'être estropié pour toujours Car tout ce qu'il faisait n'améliorait nullement son état. C'est alors qu'il se décida à me faire appeler. Très-peu de temps après il était fort bien guéri.

M. **Lemaire-Réquillart.** — Le fils avait été traité pour une tumeur blanche, des pointes de feu avaient été mises en grand nombre, le genou était ankylosé. On m'a dit qu'il s'était trouvé mieux après ce traitement et que c'était une rechûte, mais quand je le vis il éprouvait des douleurs qui s'irradiaient tout le long de la jambe : il lui était impossible de poser le pied par terre, la santé était très-altérée. Il se trouva mieux aussitôt l'application de notre traitement qui fit de suite miracle, l'ankylose fut la seule trace de sa maladie.

M. **Descat-Leleux**, à Lille. — Le genou était rond, il pliait très-difficilement, il y avait du liquide dans l'articulation, ce qui avait été constaté par M. Velpeau. Des douleurs très-aiguës se faisaient sentir par intervalles, il était malheureux, il disait qu'il aurait donné une somme que je n'oserais répéter, pour être guéri. Aujourd'hui la guérison a eu lieu, elle a fait beaucoup de bruit. Mais on reprend encore l'ancienne médication !

M. **Denis Scudden**, domestique chez Watinne-Prouvost. — Sa femme avait mal au genou depuis six mois, il lui était impossible de plier ce genou, il y avait un gonflement considérable, ses douleurs étaient très-vives. La pommade mercurielle avait été employée après le classique visicatoire, il ne restait plus à employer que les pointes et les barres de feu et le grand mot « amputation » avait été prononcé à la porte. Eh bien, là encore la guérison a été obtenue. Au lieu de continuer l'emploi du mercure, j'employai les moyens anti-mercuriels. Nous guérissons, nous, en l'éliminant de l'économie. C'est un crime aujourd'hui de l'employer encore, après les accidents qu'il détermine. Je puis dire maintenant qu'il est d'autant plus facile de guérir un mal quelconque que le mercure n'a pas été employé.

M. **Henri Meurisse**, fort Depretz. — Ce jeune homme avait des douleurs vives dans le genou, il n'y avait aucune altération. Le repos et la gutta-percha étaient employés sans résultat et cela devait être car c'était une affection purement nerveuse, dont la cause était dans l'économie. C'est encore les moyens anti-mercuriels qui l'ont guéri.

M. **Warrem** père. — Avait mal au genou depuis de longues années, il le pliait difficilement. Les courses répétées qu'il devait faire l'empêchaient souvent d'avoir un moment de repos la nuit. Son fils qui s'était guéri d'une gastrite qu'il portait depuis 3 ans, obtint de le frictionner matin et soir et au bout de deux mois il fut débarrassé des douleurs pour lesquelles il avait tant de fois invoqué les lumières de la Faculté.

Madame **Brunin**, au Trichon. — Avait été à l'hôpital, aussi pour des douleurs dans le genou. La gutta n'avait pas été plus heureuse qu'à M. Meurisse. Ce furent les mêmes moyens qui la guérirent, encore les moyens anti-mercuriels.

Mlle **Roussel**, au Mont-à-Leux. — Cette Demoiselle souffrait beaucoup de son genou, depuis très-longtemps. L'arsenal de la Médecine ordinaire avait été employé sans succès. Ici encore il y eut guérison. Cette Demoiselle m'a été envoyée par M. Flipo, Président du Bureau de Bienfaisance.

Vve **Delescluse.** — Trois plaies ulcérées dans lesquelles on pénétrait par la peau du genou. On n'obtenait rien par l'ancien traitement et le repos au lit. Guérison complète en moins de trois semaines.

M. **Roussel**, beau-frère de M. Vanoye. — Avait auss des douleurs vives dans le genou et fut aussi très-vite débarrassé.

Je m'arrête à ces exemples, ils prouvent que nos moyens enlèvent l'inflammation intérieure : que le mercure produit les affections les plus variées, et que loin d'y avoir recours nous guérissons en le soutirant de l'économie !

Madame **Desreumaux**, accoucheuse. — Sa petite fille avait un doigt beaucoup plus petit que tous les autres, il ne pouvait pas plier, il produisait des douleurs atroces, surtout la nuit. Un jour qu'elle avait été voir un médecin de Lille, il l'avait effrayée, en lui disant qu'il aurait fallu le couper si la pommade qu'il donnait n'agissait pas.

Un partisan de notre méthode apprenant que l'on voulait employer la pommade mercurielle engagea cette dame à venir me voir, ce qu'elle fit. Bientôt les douleurs cessèrent et avec le temps ce doigt s'est parfaitement guéri. Ainsi on ne croit plus à la guérison du mal, car les auteurs n'ont aucune confiance à aucun remède pour guérir la tumeur blanche et l'on infecte encore l'économie de cet abominable poison !

M. **Deregnaucourt** père, près les sept Ponts. — Son travail était interrompu depuis cinq mois, le traitement qu'il suivait ne lui produisait pas d'amélioration. L'éternel visicatoire après les émollients et la pommade mercurielle avaient été employés. L'appareil à soutirer eut encore là un grand effet et il guérit avec du temps à cause du vice du sang.

Rhumatismes.

M. **Flipo,** peintre. — Vint me consulter sur un rhumatisme qu'il portait depuis six mois et qui l'empêchait de travailler, il fut guéri en une quinzaine de jours. Comme cette guérison étonna beaucoup de monde, car il paraissait si souffrant que le public l'avait condamné, il me fût rapporté que son médecin, à qui il se plaisait à conter comment il avait été guéri, avait dit : « Ah ! Si vous me l'aviez demandé je vous aurais traité par la Méthode Raspail ! »

M. **Boussemart-Sprit.** — Eut un rhumatisme articulaire qui attaqua toutes les articulations ; en quatre semaines il fut guéri.

M. **H. Sénélar.** — C'est la même chose, il ne lui est rien resté.

Mme **Em. Werquin.** — Cette dame nourrissait quand elle fut atteinte de rhumatisme. On lui prescrivit la diète et des pilules, deux par jours, je n'ai pas su ce qu'elle contenaient. Cette Dame demanda si elle pouvait encore nourrir : Il répondit que non, que du reste son lait allait se perdre. C'est sur cette réponse qu'on me fit appeler. La guérison eut lieu quinze jours après, elle continua de nourrir et ne prit aucun remède *énergique*.

Madame **Glorieux**. — Eut un rhumatisme articulaire, elle éprouvait des douleurs lés plus vives aux endroits envahis, nos applications la soulagèrent de suite et elle se guérit en trois ou quatre semaines.

Madame **Marthe**, à Tourcoing. — Cette jeune femme marchant très-difficilement, on la croyait boiteuse pour toujours, le mal était à l'articulation de la cuisse. Aujourd'hui elle ne boite presque plus, ses amis ont peine à en croire leurs yeux.

M. **Hoffmann-Roussel**. — Eut un fils qui grandissait très-fort et qui était très-grêlé, attaqué de cette maladie à un haut degré, il fut aussi débarrassé en quatre semaines. Il eut été bien difficile de le traiter par les moyens débilitants et s'il s'était guéri il aurait fallu remercier la bonne nature, car je ne pense pas qu'il aurait pu les supporter.

M. **Poulet**, à Dottignies. — Avait un rhumatisme qui lui faisait parfois pousser des cris affreux, il se roulait sur le plancher et mettait toute la maison sur pied. Il vint me voir sur le conseils de M. Mazure, boucher, et bientôt la guérison fut complète. Il avait vu divers médecins et son mal durait toujours.

M. **Duhamel**, Deur. — Eut des douleurs rhumatismales très-vives, il fallut bien huit à dix mois pour s'en débarrasser, car la maladie était bien compliquée de tous les médicaments qu'il avait pris et même beaucoup d'arsenic, d'iode et de mercure.

M **Gorique** à Lille, — Eprouvant des douleurs atroces à une jambe et le membre ne présentant aucune altération. Le médecin qui était un Professeur de l'Ecole ne savait que dire au malade ; aux parents il disait que la moëlle des os était atteinte et qu'il n'y pouvait rien faire et qu'il serait estropié. Je fis partir la douleur comme par enchantement avec le traitement anti-mercuriel.

M. **Emile Jacquart**. — Eut aussi un rhumatisme articulatoire qui l'empêchait de faire aucun mouvement. Il fut aussi débarrassé de ses principales douleurs en très-peu de temps.

M. **Dereumaux**. — Avait un rhumatisme au genou qui l'empêchait de marcher. Il vint me voir avec beaucoup de peine et suivit le traitement que je lui donnai. Il n'eut plus besoin de revenir. C'est lui qui eut sa fille guérie d'une tumeur blanche au doigt et dont j'ai déjà parlé.

M. **Meyers**, fileur chez M. A. Wibaux, — Eut aussi un rhumatisme qui fut guéri par nous en quatre ou cinq semaines.

M. **Louis Lerouge**. — Me fit appeler parce qu'il était en traitement depuis trois semaines et que son mal était toujours aussi affreux, il poussait des cris de douleur et ne pouvait plus bouger ses pieds ni ses mains, le gonflement était énorme, les épaules étaient prises aussi. Aussitôt les premières indications de notre traitement remplies il en éprouva un bien-être sensible et se sentit mieux chaque jour jusqu'à guérison complète. Il reprit son travail au bout de quatre semaines, cet homme avait 55 à 60 ans.

M. **Leleu,** vitrier, à Lille. — Eprouva des douleurs rhumatismales les plus vives dans les cuisses et dans les jambes qui lui arrachaient des larmes, toute sa maison était en émoi. Au bout de 3 jours il reprenait son travail et ne savait à qui conter ce fait.

Une Dame, près le Créchet.—Pendant neuf jours elle ne faisait que pousser des cris, surtout la nuit. M. P... qui la voyait la disait atteinte d'une goutte sciatique, lui fit prendre des bains simples et la faisait frictionner avec le baume tranquille. Il disait que son père avait été attaqué comme elle et qu'il avait dû prendre des béquilles, mais il espérait qu'il n'en aurait pas été ainsi pour elle. Elle se décida à me faire demander et vit de suite une diminution dans ses douleurs, elle fut guérie en quinze jours.

M. **Louis Deboos**. — Fut atteint de cette même maladie et la guérison fit des progrès chaque jour ; c'est un homme de 65 ans qui a beaucoup travaillé. Que de personnes estropiées pour des affections pareilles !

M. **Elbit**. — Eut sa femme chez qui la maladie a commencée par les genoux et les mains, les épaules aussi furent atteintes ; enfin toutes les articulations. A chaque application de notre traitement elle se trouvait soulagée. Il ne lui reste rien de sa maladie qui a durée six semaines. J'ai vu une fille dans les hôpitaux pendant quatre mois, elle n'avait pas le quart de ce que cette femme a eu.

A Tourcping par Dhelin. — Cet homme avait eu trois rhumatisme dans sa vie, le premier avait duré quatre mois, le second six mois et le troisième qui fut traité par nous n'a duré que six semaines. Aux autres il a été six semaines sans pouvoir remuer ses mains. Ici il a toujours pu manger sans le secours de personne.

Madame **Fidéline Descat**, à Tourcoing. — Sa petite fille agée de 7 à 8 ans, souffrait beaucoup de la jambe et de la cheville. M. D. la faisait frictionner avec l'onguent napolitain, avec addition de sulfure de mercure. Je fis enterrer le pot de pommade en ma présence et je remplaçais ces moyens violents par des autres, inoffensifs, Au bout de trois ou quatre jours elle alla travailler.

M. **Pierre Cau**. — Eut aussi des douleurs rhumatismales aux jambes qui le forcèrent de rester chez lui. Outre les souffrances qu'il avait, sa besogne souffrait beaucoup, car des ouvriers ont dû arrêter quelques jours, il a pu reprendre le travail en continuant le traitement.

M. **Victor Vanlaton**. — Eut aussi un rhumatisme au genou. Il prit notre traitement, puis il le laissa pour écouter les conseils qu'on lui donnait de différents côtés, mais voyant que son mal ne faisait qu'augmenter il le reprit en entier et se guérit complétement.

Madame **Louis Laurent**. — Eut aussi un rhumatisme à la jambe dont elle fut guérie en trois ou quatre jours.

Madame **Charlotte**, chez Hilarion Fremaux. — Eut un rhumatisme articulaire à l'épaule qui l'empêchait de faire aucun mouvement. En quelques jours elle fut complétement guérie.

Le domestique de M. Emile Bulteau. — Avait sa femme qui souffrait beaucoup des jambes et des pieds et ne pouvait se tenir debout; elle fut débarrassé de ses douleurs en trois ou quatre semaines.

C'était en désespoir de cause qu'on était venu me trouver.

Madame **Grouillon**, rue de l'Orient. — Me fit appeler car elle ne pouvait plus poser le pied par terre et avait éprouvé les plus vives douleurs, pendant quelques nuits. Il y avait gonflement considérable. Au bout de deux jours elle marchait très-bien et ne souffrait plus.

Mlle **Delbar**, près le Calvaire. — Cette jeune fille était chez elle depuis trois ou quatre jours, elle souffrait beaucoup, ses douleurs étaient dans les cuisses et les jambes. En quelques jours elle était guérie

Madame **Juste**, à Wazemmes. — Cette dame avait un enfant de 5 à 6 ans qui ne pouvait plus poser le pied par terre, il éprouvait des douleurs très-vives. Il y avait chez cet enfant une coxalgie au premier degré, d'après les médecins qui l'avaient visité. Il fut condamné par ceux-ci à être estropié toute sa vie et probablement à en mourir comme j'en ai vu plusieurs à l'hôpital. Cet enfant va parfaitement bien aujourd'hui, c'est un petit espiègle qui fait rager son médecin quand il le voit.

M. **Louis** de chez M. Florin-Bossut. — Cet homme avait un rhumatisme depuis longtemps à l'épaule droite lorsqu'il me fit appeler, la douleur était très-vive, il ne pouvait bouger le bras; il avait en même temps une maladie de cœur, il ne pouvait plus respirer. Son état était fort inquiétant. Il se guérit très-bien des deux maladies.

Pneumonies ou Fluxions de poitrine.

M. **Foveau**, père. — Fut atteint d'une fluxion de poitrine à 72 ans, il souffrait chaque année à la mauvaise saison. C'était un homme fort.

Aux premières atteintes de sa maladie il reçut l'Extrême-Onction. Sa langue était noire, l'oppression était extrême. Il se remit cependant et M. le Curé de Croix disait qu'il n'y avait que Raspail pour faire ce miracle.

Sa femme avait eu aussi cette maladie, mais moins forte. Elle se rétablit également.

M. **Valdelieni**, à Lille. — Fut attaqué très-vivement de cette maladie. La langue était noire comme chez M. Foveau, l'oppression très-forte, sans parler de la poitrine où l'on entendait un bruit de souffle très-étendu, il y avait encore la douleur de côté. Il fut aussi guéri en quinze jours environ.

Madame **A. Prouvost**. — En fut atteinte pendant que ses deux enfants étaient malades. Elle s'en guérit très bien

M. **A. Scrépel**. — Tous les symptômes de cette maladie étaient complets, en quatre ou cinq jours il en fut quitte.

M. **César Castel**. — Était fortement atteint, l'inquiétude était grande dans la famille, au bout de quatre à cinq jours tout le monde était rassuré, il ne fut que quinze jours sans travailler.

M. **Ferdinand Stourme**, ouvrier de M. Paulus. — Cet homme avait été condamné par M. P... comme phthisique. Il s'est tiré de ce mauvais pas par notre traitement et son état était devenu très-satisfaisant, mais peu de temps après il eut tous les symptômes de la pneumonie : toux, crachats, oppression, point de côté, rien ne manqua à cette nouvelle maladie qui se dissipa comme par enchantement. Depuis lors il travaille. Je le rencontre parfois avec de lourds fardeaux.

MM. Bézard et Dupire, deux personnes avec des poitrines très-faibles, furent aussi délivrées de leur oppression et de leur toux en peu de temps. Leur état était d'autant plus grave que chaque année ils étaient fortement oppressés. Ils n'auraient certes pas résistés à un traitement débilitant.

Madame veuve **Couban.** — Cette dame était traitée pour une inflammation de poitrine et présentait un état complet de débilité. Après quelques visites que je lui ai faites elle n'était plus reconnaissable, sa guérison a marché avec une rapidité étonnante, même pour moi, car elle était très-mal quand je la vis pour la première fois.

M. **Bonte**, chapelier à Croix. — Depuis deux jours il ne faisait que tousser, ayant beaucoup d'oppression et une douleur de côté venue la nuit. Il se croyait sur le point de mourir. Aussitôt qu'il employa hardiment notre traitement il fut guéri, car la douleur diminua tout de suite. Deux jours après il ne restait plus qu'un peu de faiblesse. Devenu mon abonné, il se croirait coupable envers l'humanité, s'il ne parlait pas de notre traitement en toute circonstance et il rend lui-même les plus grands services dans son quartier.

M. **Tricot Napoléon**, domestique de M. Decottignies-Dazin. — L'on m'appela en toute hâte, il venait de cracher beaucoup de sang pur, la douleur de côté était très-vive, il était oppressé et éprouvait les plus grandes souffrances chaque fois qu'il devait tousser. L'auscultation vint nous démontrer que nous avions une forte pneumonie à traiter. Tous les bons voisins ne comprenaient pas sa femme qui ne faisait pas chercher M. un tel ou tel, et pour la décider on ne manquait pas de dire une foule de chose contre moi. M. Decottignies envoya son médecin M. P..., qui ne me critiqua pas, mais dit que lui, aurait ôté du sang; cette femme répondit : « Vous voyez, Monsieur, que l'on peut traiter cette maladie sans en ôter. » La guérison eut lieu très-vite, il n'est resté que trois ou quatre semaines chez lui.

M. **Louis Lesaffre**. — Cet homme m'envoya chercher ayant aussi tous les symptômes de la pneumonie, il avait de plus des douleurs de tête très-fortes, inappétence, langue très-chargée. Il fut délivré de toutes ses craintes en peu de temps et ne perdit qu'une quinzaine de jours de travail. Il laissa six lombries.

Mlle **Camille Scrépel**. — Chacun sait qu'elle avait toussé pendant quatre à cinq ans. Elle a épuisé la liste des calmants pour sa toux, prit jusqu'à du sublime corrosif et après s'en être guérie par moi elle eut une hémoptisie avec pneumonie. Pendant deux jours elle laissa par la bouche un sang rouge et écumeux, elle eut quelquefois son pot à moitié plein. Tous ses crachats étaient de sang pur. Elle éprouvait aussi une douleur de côté très-vive. La figure était aussi altérée que dans le choléra. Toute la famille était dans la plus grande anxiété, joignez à cela qu'elle devait essuyer toutes les critiques qui venaient de ses nombreux parents fidèles aux traditions de l'école, qui ne comprenaient pas du tout l'importance qu'il y avait à traiter cette maladie, sans ôter une goutte de sang. Mais, dans ce cas, il n'y avait pas d'autre alternative avec la médecine scolastique, ou de mourir de la maladie, ou du traitement. Car les émissions sanguines n'auraient pas pu être supportées. La guérison, malgré l'état antérieur, a marché à pas de géants, et bientôt toutes les craintes de la famille cessèrent.

M. **J.-B. Scrépel.** — Depuis longtemps déjà il maigrissait, il n'avait plus d'appétit, sa gaieté d'autrefois avait beaucoup diminuée, enfin il fut obligé de se mettre au lit. La douleur de côté était très-forte et le lendemain il me pria d'aller le voir que son état était plus grave. Sa fluxion de poitrine était alors dans sa plus haute période. Cette famille eut aussi à lutter contre toutes les personnes soi-disant amies que l'on croirait chargées par les médecins d'aller augmenter l'angoisse des parents, déjà si grande. Mais j'applaudirais volontiers, si l'on voyait que c'est l'intérêt du malade qui les fait parler, mais il faut bien croire que ce n'est pas cela, puisque ces exemples qui sont les plus puissants ne suffisent pas et qu'elles vont répéter leurs billevesées aux personnes qui veulent bien encore les écouter. Bien des personnes qui se donnent comme connaissant les malades parce qu'elles en voient beaucoup et qu'elles sont chargées de leur porter secours, trouvaient mon malade très-mal, évidemment c'est qu'elles comparaient ce malade à ceux qu'elles avaient vu traiter par les médecins. C'est donc une leçon qui devrait bien profiter.

Madame **Barrin Louis.** — Cette jeune femme fut fortement attaquée de la même affection, elle avait toussé beaucoup comme M. J.-B. Scrépel, alors que les symptômes de la pneumonie avaient disparu, et comme chez lui la toux a cessé. La guérison est complète, elle n'a rien éprouvé depuis quinze à vingt mois.

Madame **Bœuf**. — Cette jeune dame a été attaquée d'une douleur de côté des plus vives alors qu'elle était demoiselle, ses parents qui avaient l'expérience de notre traitement, voulaient qu'elle fut traitée par notre méthode. Je reconnus à la matité très-étendue, à l'absence du bruit respiratoire, etc., etc., qu'il y avait un épanchement pleurétique. L'oppression et la toux la mettaient dans un état alarmant. Au bout d'une quinzaine de jours il ne restait plus de traces de ces affreux symptômes. Elle laissa aussi des lombrics. C'est un exemple qui se trouve dans ma brochure.

Substance des lettres adressées à des confrères qui renvoient les critiques malséantes à leurs auteurs.

Malgré mon vif désir de vivre en paix, je ne pouvais, sans trahir la cause que je sers, laisser passer les attaques injustes et malséantes par trop directes de plusieurs médecins puisqu'elles m'étaient faites dans l'intention de m'être rapportées. Il paraît que je frappais chaque fois d'une façon irréfutable puisque je ne recevais aucune réponse à ces lettres au nombre de quatre.

Comme de tout il y a profit à tirer pour le lecteur qui sait lire, je rappellerai seulement de ces lettres les observations de cas qui leur étaient personnels sauf une lettre où leurs critiques s'adressaient aux chirurgiens qui avaient opéré avec moi.

Dans ma première lettre datée du 4 novembre 1857, j'annonce la guérison de l'enfant Mathy atteint d'une rougeole avec toutes les complications les plus graves. On peut lire ces cas à la page 49.

La deuxième lettre du 11 août 1860, relate l'ablation d'un cancer du sein chez Mlle Delescluse, lingère, rue de l'Alouette. La tumeur enlevée pesait trois livres.

Le chirurgien qui avait fait cette opération dit alors : « Que Dieu nous préserve de l'érysipèle. » Je lui répondis : « Vous oubliez donc le camphre » Ambroise Paré avait dit : « Je t'ai pansé, que Dieu te guérisse ! »]

Eh bien, quoique cette énorme plaie ait nécessité l'application de quatorze fils pour ligature d'artères et points de suture, la malade sortit de sa maison cinq jours après l'opération. Le pansement avait été fait d'après le Manuel comme chaque fois que je m'adjoins un opérateur.

Je rappelle les six aveugles qui ont été opérés par deux chirurgiens différents. On peut lire les détails à la page 37.

Je fis connaître qu'un homme atteint d'un cancer à la figure qui avait nécessité, à l'hôpital de Lille, l'enlèvement de la moitié de la face en était sorti au bout de 24 jours, grâce au pansement camphré que j'étais parvenu à faire employer.

Je rappelle aussi un cas de cuisse coupée pour tumeur blanche du genou où l'articulation était complétement détruite : en l'examinant après l'opération nous trouvâmes quelle était dans un état tel que le bistouri y entrait comme dans du beurre. ·

Là aussi la guérison fut prompte et rapide, aucune trace d'inflammation ! Le chirurgien me disait : « Si c'était à l'hôpital le malade n'irait pas aussi bien. » Je lui répondis : « Ce serait la même chose. » L'exemple cité plus haut le prouve.

Je rappelle qu'un hydrocèle fut guéri avec l'injection d'huile camphrée suivie de notre pansement. Le chirurgien ne voulait plus faire l'injection iodée, il avait perdu son malade en 24 heures.

Je rappelle le fait de Mme Delescluse page 54.

Je rappelle un ulcère affreux de la jambe. Le cas était si grave qu'un médecin avait déclaré l'amputation impraticable. Cette malade s'est guéric et elle est mariée depuis 12 ans !

J'ai cité ces cas, étrangers à la pratique de ce médecin, sauf le dernier, pour avoir osé blâmer les confrères d'opérer avec moi et pour lui dire qu'au lieu de faire une critique de la belle conduite de ces Messieurs il aurait dû prendre exemple sur ce qui avait été fait et obtenu.

Dans une troisième lettre, en date du 29 août 1861, je cite l'exemple de Louis Halluin dont les vomissements de sang et la toux ont duré plus de deux ans. Il y a aujourd'hui quinze ans de cela et je rencontre souvent mon ancien malade conduisant une petite charette en ville.

Mlle Scrépel qui prenait des calmants de toute espèce

pour une toux et qui était condamnée aussi par d'autres médecins il y a 18 ans! Depuis 17 ans elle se porte très-bien quoique j'aie eu à la traiter à cette même date pour une forte hémoptysie.

Chevalier, cour Boyaval, traité aussi depuis longtemps pour des tubercules dans les poumons et dont la guérison se maintient et il continue à bien se porter.

Dans ma quatrième lettre (7 mai 1862) je relate les exemples personnels de M. Ferdinand Stourme condamné comme phthisique à sa femme même 4 ans auparavant et allant très-bien encore aujourd'hui mai 1875.

Mme Laure, marchande rue de la Paix, 95, qui avait une hernie étranglée et à qui il avait été fait des efforts imprudents et sans résultat pour la réduire, ce que voyant on avait proposé l'opération.

La malade ne voulant pas y consentir on m'appela et elle fut parfaitement guérie. Il y a de cela aujourd'hui 18 ans.

Je rappelle aussi le croup de la petite fille de M. Caby, suisse à Saint-Martin, cette jeune enfant était condamnée à mourir dans la nuit tandis qu'elle fut bien guérie par notre méthode.

De même pour un cas semblable chez la petite Noclain, rue du Ballon, c'était la troisième enfant de cette famille qui était atteinte du croup. Deux de ses sœurs étaient mortes, leurs cadavres à peine refroidis étaient encore dans la maison quand on me fit demander. Cette troisième enfant était vivement atteinte et eut une aphonie qui dura 15 jours ; malgré cela et malgré la condamnation elle fût parfaitement guérie.

Je rappelle aussi la guérison de la femme Dubar, du Fontenoy. Cette femme avait les jambes tout à fait paralysées, elle n'urinait qu'à l'aide de la sonde, éprouvait de grandes difficultés pour aller à la garde-robe et éprouvait des douleurs très-vives dans le ventre. Une escarre profonde existait au sacrum. Eh bien elle fut complétement guérie au bout de trois ou quatre semaines de nos soins.

Services reconnus par les Membres du Clergé et des Congrégations.

Mes rapports avec d'autres Maisons Congréganistes que celle du Bureau de Bienfaisance sont très-agréables ; j'ai reçu comme tous mes confrères un avis de M. le Maire pour visiter les élèves des écoles de ma section où se trouve l'école des Dames Carmélites qui compte 8 à 900 jeunes filles.

Cela satisfaisait pleinement mes désirs : je n'eus garde de manquer à ce nouveau service qui me permettait de prouver que nous évitions presque toutes les maladies de l'enfance avec notre traitement et c'est ce que Madame la Supérieure a mis en lumière dans sa réponse à une lettre collective à tous les médecins pour se plaindre de ne pas obtempérer à la demande de l'Administration municipale que j'ai reçue et remise entre ses mains pour qu'elle veuille bien y répondre elle-même. J'ai vu sa réponse aux archives elle est on ne peut plus flatteuse pour mon zèle et ma méthode, enfin entièrement conforme à ce que j'avance, elle provoqua de la part de l'Administration municipale une rectification très-flatteuse pour moi.

Les Petites Sœurs des pauvres m'ayant demandé d'être le médecin de leurs hospitaliers, j'ai accepté volontiers cette charge et je la remplis gratuitement comme tous mes prédécesseurs, quoique cet hospice compte 250 lits comme l'hospice de la Ville et où cependant le service jouit d'un traitement de 600 francs.

Il est vrai qu'il y a beaucoup de revenus à ce dernier hospice et que celui des Petites Sœurs est alimenté par la bienfaisance publique. C'est donc encore un sacrifice pour prouver que notre méthode de traitement est un aussi grand bienfait pour la vieillesse que pour l'enfance. Mais à chacun son lot : à nous les sacrifices, aux autres les récompenses !

Je rentre dans la question et je dis que je ne suis pas plus exclusif à cet établissement que je ne le suis au Bureau de Bienfaisance : je sais très-bien accorder ce que l'on me demande pour des affections souvent très-anciennes et peu susceptibles de guérison. Je ne refuse que le grand chapitre des poisons inscrit au Manuel, qui ne guérissent quelquefois que pour amener un mal plus grand après, sur lequel tous les yeux devraient être ouverts sous peine des plus grands malheurs.

Les Sœurs me font souvent le plus grand éloge de nos moyens curatifs et plus particulièrement de ceux pour les pansements qui rendaient si souvent leur position pénible, par la fétidité de certaines plaies, elles répètent tout ce que nos plus enthousiastes clients disent eux-mêmes de la Méthode.

Quant aux Sœurs qui soignent les malades en ville, il en est une qui fait l'éloge de notre traitement pour le choléra en toute circonstance, elle m'a plusieurs fois félicité de mes succès pendant l'épidémie.

Une autre Sœur qui a soigné un de mes amis, de la variole dont il fut guéri malgré un délire qui dura onze jours, son dévouement était entier, elle ne tarissait pas d'éloge sur notre traitement.

Une autre Sœur encore qui a conservé sa malade une année de plus (d'après l'avis de son médecin), par les frictions qu'elle faisait à son insu.

Un ami m'a rapporté qu'une Sœur lui avait dit (entre nous si j'avais le choléra) je demanderais à être traitée par M. Castel, il est le seul médecin qui guérisse. Comment appréciez-vous cet (Entre nous) ?

Le clergé de cette ville a aussi reconnu le bienfait de la Méthode!

Feu M. le Doyen de Notre-Dame m'a félicité pour la guérison de Mlle Rykebœar, elle avait un érysipèle de la face et du cuir chevelu, un délire extrême et un pouls d'une fréquence remarquable. M. le Doyen l'avait condamnée à mourir dans la journée et voulait m'adjoindre un autre médecin, je lui dis que j'aurais été entravé dans mon traitement et que, comme il le disait très-bien, on ne guérissait pas des cas de cette gravité, il devait me laisser agir seul, il y consentit et la guérison eût lieu.

M. Louis Duthoit, rue de l'Ermitage, eût aussi dans le même temps une méningite pour laquelle M. le Doyen voulait l'administrer, le malade y consentit mais pour le lendemain, et c'est alors qu'il trouva le malade près du poële, fumant sa pipe; il ne fut plus question d'administrer ce malade qui semblait jouer avec cette grave maladie. M. Herengh en fut aussi étonné qu'il l'avait été de voir Mme Dujardin, retordeur, rue de la Fosse-aux-Chênes, atteinte d'une apoplexie avec paralysie et privée de la parole, être remise pour les symptômes graves en vingt-quatre heures. Il ne comprenait pas d'aussi beaux résultats et m'en a félicité.

Feu M. Evrard, vicaire de Notre-Dame, est venu me féliciter pour la guérison de deux malades atteints du choléra, qu'il croyait trouver morts le lendemain et qui au lieu de cela allaient mieux et la guérison complète s'en suivit. Il me dit qu'il aurait parlé à M. le Doyen pour qu'il use de son crédit afin que j'eusse des salles à l'Hôpital. Il me disait de plus « je dirai à qui veut l'entendre que vous avez le traitement du choléra. »

M. Thomas allant donner l'Extrême-Onction à Mme Liénard âgée de 83 ans 1/2, pour une apoplexie et paralysie de tout un côté, étant sans mouvement et ne pouvant plus parler, tint ce langage : « Qui traite Mme Liénard? » on le lui dit, et alors il parla de M. Gadenne-Mathon et de Mme Dutilleul rue du Couvent, qui, étant dans un état aussi désespéré que celui de la malade, s'étaient parfaitement guéris et donna par cela même espoir à la famille, ce que j'ai trouvé charmant.

En effet Mme Liénard s'est guérie complétement de sa

paralysie, elle est revenue comme avant sa maladie et a vécu jusqu'à 87 ans 1/2 avec toutes ses facultés.

L'on ne manquera pas de me demander si les prêtres et les sœurs dont j'ai reçu les félicitations se font soigner par moi lorsqu'ils sont malades, à cela je réponds : Jamais.

L'observation suivante en fournira peut-être l'explication. Je fus appelé par un Frère de la Doctrine chrétienne pour une affection grave et ancienne du genou qui l'avait forcé à prendre des béquilles ; avant qu'il ait pu seulement apprécier mon traitement et alors que je lui avais donné ce qu'il ne trouvait pas chez son pharmacien, je fus remercié par le malade lui-même qui me dit qu'il n'était pas libre, qu'il ne pouvait pas continuer cette médication.

Au mot jamais je ne fais que deux exceptions :

C'est un abbé d'un village voisin, grand partisan de notre système de Médecine, qui soigna lui-même en attendant mon arrivée un cas très-grave d'apoplexie cérébrale, le malade fut guéri complétement et sans paralysie malgré qu'il ait eu tous les symptômes les plus alarmants de cette maladie.

Même succès dans une seconde attaque aussi forte que la première.

Une troisième récidive eut lieu plusieurs mois après qu'un repas avait été offert aux amis pour ces deux guérisons regardées comme extraordinaires par tout le village. Mais à celle-ci le malade succomba.

Quelle fut la récompense du bon abbé, probablement une disgrâce, car il fut placé dans un endroit éloigné et n'en ai plus eu de nouvelles depuis 16 ans.

2° Un professeur du Séminaire étant condamné par un oculiste en renom à perdre l'œil pour lequel il consultait, ce médecin le disant frappé d'amaurose et que non-seulement il y avait danger pour l'œil malade mais même pour l'autre œil. Ce fut alors qu'apprenant par une personne à qui il confiait son malheur, que notre système de médecine avait guéri un cas identique, il se mit à l'œuvre après m'avoir consulté et obtint aussi le meilleur résultat.

Un abbé des environs apprit ces beaux cas et chargea

un ami de prendre des renseignements qui furent ce qu'ils devaient être ! Mais je ne fus pas consulté. L'ami qui m'en parlait avait vu s'accroître un grand refroidissement dès que le nom de Raspail eût été prononcé.

Aussi, voyant pareille chose, je me suis quelquefois demandé : si, lorsque l'on porte certain nom, ressusciter des morts enterrés suffirait pour certaines personnes !

Il est permis d'en douter.

Mais par contre on parlera partout d'une fièvre typhoïde guérie par la médecine homœopathique (1), surtout si le malade a eu la chance d'être condamné par d'autres médecins.

On ne voudra pas voir que bien des malades ont été guéris par leurs médecins, qui les avaient condamnés, et cet heureux résultat pourrait être dû à une petite alimentation que l'on refusait opiniâtrement avant, puis en donnant quelques succédanés de notre Méthode.

Soit aussi en ayant des gardes-malades qui épient le moment de mettre de l'eau sédative au lieu d'eau froide.

Ou encore en mettant nos cataplasmes salins au lieu de cataplasmes simplement émolients.

Que de fois j'ai fait faire ces substitutions qui faisaient porter le médecin aux nues ! et je n'étais pas le seul à en rire.

Le médecin homœopathe et ceux qui veulent le pousser vivront sur cette cure jusqu'à ce que de malheureuses victimes s'aperçoivent que des octo-millionièmes de gouttes de substances actives ne font pas fondre les polypes (2) et que le moyen rationnel est d'enlever le polype cause de tout le mal et alors s'élèvera une nouvelle puissance Médicale qui pourra prendre du galon autant qu'elle voudra et mettre deux chevaux à sa voiture si cela lui plaît.

S'il pouvait écheoir à mes deux chers confrères du Bureau de Bienfaisance un cas heureux de cette nature ils pourraient dès lors prétendre aux plus hautes destinées ! !

---

(1) C'est la cure d'une fièvre typhoïde par un médecin homœopathe dans une famille riche qui a mis cette médecine à la mode ici.

(2) C'est l'arrachement d'un polype de l'utérus sur lequel les globules n'avaient rien produit qui a donné un successeur à l'homœopathie.

Monsieur le Commissaire Central,

Pour satisfaire à votre demande, j'ai l'honneur de vous adresser un rapport aussi succinct que possible sur les malades qui ont présenté les symptômes de la maladie régnante, symptômes qui ont suffi pour faire un grand nombre de victimes ici et ailleurs.

Les trois malades que j'ai traités et qui sont morts après avoir pris des médicaments que notre Méthode condamne, en supposant qu'ils fussent morts également, eussent été les trois seuls cas que j'aurais eu à déplorer depuis dix ans que j'exerce et cependant vous savez qu'il s'est passé bien peu d'années sans qu'il y eut des cas et des cas beaucoup plus graves que ceux de cette année, en apparence au moins. Il y a cinq à six ans j'ai remis à l'Administration municipale les observations de six cas des plus graves guéris de suite et je pourrais en ajouter une douzaine d'autres.

J'ajouterai que notre Médication est préventive aussi et M. Deschodt, pharmacien, sait tous les bons résultats que l'on est venu lui constater de la liqueur Raspail : il estime de cinq à six cents le nombre de provisions qu'il a faites en dehors des ordonnances qu'il a exécutées.

Permettez-moi, Monsieur, d'ajouter encore que notre traitement est un tout, qu'il attaque la maladie par le haut, par le bas et par l'extérieur, et cela avec des moyens inoffensifs qui peuvent être suivis par l'homme bien portant, et qu'il sera encore tel après les avoir employés, mon nom ne figurant jamais sur le registre aux poisons du pharmacien.

Agréez, Monsieur, l'assurance de ma parfaite considération.

H. Castel.

Rapport sur les malades qui ont présenté les symtômes de la maladie régnante.

----

14 Juillet 1866. M. **Vanbrouck** fils, au Blanc-Seau.
Ce jeune homme avait une diarrhée très-forte et des vomissements. Il demandait que je iui donnasse un traitement sans aller chez lui, dans la crainte d'être conduit de force à l'hôpital. Je l'ai satisfait, mais dans la nuit l'on vint me chercher, aussitôt sa position s'amenda et il se guérit promptement.

Madame veuve **Vanbrouck**, sa mère,
se plaignait d'avoir une constipation et des douleurs dans le ventre et à la tête depuis trois jours que son mari lui avait été enlevé en trois heures. Elle ne faisait rien pour combattre cet état et le lendemain, 15 juillet, l'on vint me prier d'aller la voir. Elle avait des crampes des plus fortes et se faisait frotter avec des orties qui lui avaient enlevé l'épiderme à plusieurs endroits. Nous dûmes la frictionner à trois personnes pendant trois heures pour nous rendre maîtres des crampes, elle me donna beaucoup d'espoir dans l'après-midi, lorsqu'une troisième personne,

Jeune fille de 25 ans environ,
eut aussi des vomissements, des selles nombreuses et des crampes qui furent calmées par le traitement que je lui appliquai le matin en même temps qu'à la mère et pendant que j'allai dîner elle fut emmenée à l'infirmerie, les nouvelles que j'en recevais étaient toujours satisfaisantes.

15 Juillet. M. **Fauvarque-Bonte**, d'Armentières,
m'expédiait une dépêche, je pris le train de 9 heures 1\|2

du soir, après avoir trouvé Mme Vanbrouck allant bien. Après tout ce que cette dame avait souffert elle me donnait beaucoup d'espoir.

Arrivé à Armentières à minuit, je vis un jeune garçon de 9 ans à qui son père appliquait sans relâche la médication du *Manuel*. Il avait commencé à souffrir horriblement le matin, avait eu des selles abondantes et des vomissements, et le père avait donné de l'aloës, son état s'était amélioré.

Vers quatre heures tous les symptômes effrayants ayant recommencé, il m'envoya une deuxième dépêche et fit prendre à l'enfant de l'huile de riçin. Je trouvai l'enfant très-bien, le père ne l'abandonnait pas, les lotions d'eau sédative, d'alcool camphré, les cataplasmes salins avaient toujours été employés et deux fois il avait pris la liqueur anticholérique. Le mieux a toujours continué, il fut sur pied peu de jours après l'invasion de la maladie et ce cas fit beaucoup d'effet à Armentières.

16 Juillet.

En rentrant d'Armentières par le train de 10 heures on m'attendait à la station pour m'apprendre la mort de la veuve Vanbrouck. Un voisin et deux beaux-frères avaient montré un dévouement admirable, mais ils étaient épuisés de fatigue et se trouvaient sans femme dans la maison, nul doute que cette malade n'avait plus reçu les soins que son état réclamait car je l'avais à peine quitté de la journée.

Je fus obligé de donner des soins à un

Autre fils, un beau-frère et à un voisin

qui les avaient beaucoup aidés, pour des atteintes du terrible mal, le traitement et le repos les guérirent promptement.

La mère mourut mais tous les enfants furent guéris, il pouvait y avoir cinq à six victimes dans cette maison.

16 Juillet. M. **Dhelin**, ferblantier, à la *Barque d'or*.

eut sa fille atteinte, elle fut guérie promptement.

M. **Leroy**, à l'Alouette, cour insalubre aux maisons Sioen. Guéri.

17 Juillet. M. **Delerue**, ébéniste, près l'octroi. Guéri.

18 Juillet. Mme **Dauphin**, cour Flipo,

fut vite guérie, elle avait effrayé toute la courrée.

19 Juillet. **Homme** et **femme**, flamands, au bout

du Blanc-Seau, derrière le *Repos du voyageur*, dans
la cour,
furent guéris en quelques jours ainsi que la

Cousine de Mme **Vanbrouck**

chez qui les enfants s'étaient réfugiés et qui, avec des
douleurs de tête et de ventre très-fortes, étaient on ne peut
plus effrayés après tous les malheurs arrivés à leurs parents.

20 Juillet. M. **Bacq**, voyageur,

souffrait du ventre et de l'estomac, avait des selles nombreuses tout en voyageant, fut guéri au bout de deux à
trois jours et se remit en voyage.

M. **Masure-Boucher**,

eut aussi des selles nombreuses mais il fut vite rétabli.

28 Juillet. M. **Denis Squedin**,

sa femme éprouvait de grands malaises, des douleurs
d'estomac, fut remise sur pied de suite ainsi que son fils
qui avait des selles très-liquides et était toujours prêt à
vomir.

29 Juillet. Mlle **Bonte**, d'Armentières.

Je reçus une dépêche pour Armentières. Mlle Bonte, âgée
de 60 ans, venait de perdre sa nièce et son petit-neveu sans
que je fusse appelé et voyant l'impuissance de la médecine
ordinaire voulait recevoir mes soins. Elle avait une diarrhée
très-liquide et très-abondante et ne souffrait pas, elle était
très-effrayée, je la rassurai. Deux jours après je la revis,
on n'aurait pas dit qu'elle était malade en la voyant dans
son lit, seulement la diarrhée la reprenait par intervalles
et cela l'affaiblissait, mais pas autant qu'on pourrait le
croire parce que je l'alimentais comme toujours, et le
2 août je reçus une dépêche et partis par le premier train.
J'arrivai à midi et la trouvai très-mal, la nuit elle avait eu
dix selles et le lendemain elle fit chercher un médecin de la
ville qui lui donna une potion avec 60 grammes d'eau
1 gramme de sulfate de quinine et 40 gouttes de laudanum,
à prendre par cuiller à café, d'heure en heure. Quelques
cuillers restaient encore dans la bouteille, j'empêchai de
les donner en exprimant mes grands regrets qu'une potion
aussi forte lui ait été donnée et montrai tout le danger
d'arrêter des selles qui doivent amener une infection,
surtout en ajoutant 2 grammes de laudanum dans une
matinée! plus le sel de quinine! Quelques heures après elle
était morte.

2 Août. M. **Bonte** son neveu,

qui avait perdu sa femme peu de jours avant et qui était on ne peut plus désolé, souffrait partout et allait aussi à la selle, me demanda un traitement que M. Fauvarque avait déjà commencé et bientôt il ne lui resta plus que la douleur de la perte de sa femme et son enfant.

J'avais fait la connaissance de deux grands propagateurs de notre traitement, M. Dujardin, horloger et M. Vermeulen, conseiller municipal, qui donnaient beaucoup de liqueur Raspail non sucrée : ils l'avaient propagée de toutes leurs forces, ils m'ont signalé plus de dix cures qu'ils avaient obtenues avec la liqueur seule.

La famille de Mlle Bonte, bravant la fatigue était constamment auprès des malades, elle suivit toujours notre traitement préventif et se préserva très-bien.

4 Août. M. **Dumont,**

qui porte une affection grave de l'estomac eût des douleurs d'entrailles et de tête, des selles nombreuses et des vomissements, s'est très-bien guéri de cela, il resta quatre jours chez lui.

5 Août. **Pierre Lepers,** près le Cul-de-Four.

Je fus appelé la nuit pour sa femme ; elle avait des selles nombreuses très-liquides, souffrait vivement, elle avait pris quatre à cinq cuillerées d'une potion éthérée et opiacée que l'on était allé demander chez le pharmacien, je défendis de la continuer. Elle fit très-bien mon traitement, les selles persistèrent, elle eut quelques crampes qui furent vite calmées par l'eau sédative ; elle accusait des pesanteurs à l'épigastre et des douleurs vers le haut de la poitrine et à la gorge, puis commença à rendre des vers, elle en laissa 20 jusqu'au mercredi soir où je la quittai en ayant beaucoup d'espoir de la rétablir. Le lendemain jeudi, je la trouvai beaucoup plus mal, les selles étaient arrêtées depuis la veille, elle dormait toujours, l'on me dit qu'elle n'avait rien pris pour cela, mais j'en ai toujours douté et j'en doute encore, elle me fit l'effet d'avoir pris une de ces malheureuses potions opiacées que j'avais tant défendues, ne voulant pas enfermer le loup dans la bergerie et ce que je ne suis plus seul à dire aujourd'hui. Elle mourut dans la matinée.

Son enfant traité par un autre médecin, était mort deux jours avant qu'elle se mit au lit. J'ai guéri dans cette maison un petit garçon qui fut malade en même temps que sa mère.

M. **Henri Dassonville.**

Sa femme éprouvait des douleurs d'entrailles et d'estomac atroces, elle n'avait pas de selles. Le traitement prescrit fut fait en toute hâte, une heure après elle reposait et le lendemain je la trouvai mangeant deux œufs sur le plat.

10 Août. **Jeune fille**, rue de la Gaîté.

Je fus appelé rue de la Gaîté, pour une jeune fille qui logeait dans la maison depuis deux jours, ces personnes étaient très-effrayées et me demandaient à la mettre de suite à l'hôpital. Je m'y refusai car elle n'était pas transportable, elle avait des crampes affreuses, des vomissements et des selles qui ne lui laissaient pas de trève, je fis user l'eau sédative qui se trouvait là et revins chez moi prendre la liqueur Raspail, pour faire un litre d'eau sédative et autres médicaments, pour aller plus vite. Je passai alors une à deux heures pour la soigner, au bout de ce temps elle était calme et très-bien, je dus la laisser aller à l'hôpital car personne n'était là pour la soigner.

Le lendemain l'on vint m'annoncer qu'elle était morte, 24 heures après son entrée à l'hôpital. .

M. **Lefebvre-Dhelin.**

Je fus appelé pour son enfant malade d'une affection du ventre, la mère eut ensuite la variole qui est presque guérie depuis dix jours que je la traite et ne portera aucune trace, elle me dit qu'elle avait quitté le Blanc-Seau ayant aussi des selles continuelles et des vomissements, que l'eau sédative dont elle usait des quantités énormes l'avait sauvée ainsi que l'ail dont elle avait fait un grand usage et après guérison elle fut prise de douleurs d'enfantement, enceinte qu'elle était de sept mois et demi, et le médecin qu'elle fit appeler crut que c'était encore la maladie du Blanc-Seau et la condamna dans le quartier, elle demeurait dans une cour où quatre personnes sont mortes. Elle alla accoucher à l'hôpital après avoir été administrée.

Jeune fille d'Armentières, phthysique.

Cette jeune fille que je traite pour cette maladie depuis deux mois, eut aussi des selles continuelles et des douleurs de ventre, elle croyait être à son dernier quart d'heure et elle a vite été mieux. Aujourd'hui j'espère la guérir, la poitrine est beaucoup améliorée et elle se sent très-bien.

13 Août. Dans la cour Wattel, deuxième maison.

Cette malade me fit appeler mais je ne pus me rendre chez elle que le lendemain. Il paraît que des efforts avaient été faits pour la porter à l'hôpital et que son mari qui était rentré chez lui s'y était opposé formellement. Elle me déclara avoir eu des selles nombreuses, des crampes atroces, des vomissements, etc., qu'elle se croyait à son dernier moment. L'eau sédative fut appliquée en quantité, elle prit de la sauge et du rhum, on appliqua sur le ventre des cataplasmes très-chauds arrosés d'eau sédative, et le lendemain quand je la vis on n'aurait pas pu croire qu'elle avait été aussi mal. Deux femmes de la courrée avaient été portées à l'hôpital et y étaient mortes.

15 Août. Ouvrier de M. Scrépel-Louage.

M. Scrépel-Louage me fit appeler le soir pour un de ses ouvriers qui, outre les symptômes ordinaires, avait des douleurs de tête très-vives. Le lendemain il était très-bien et je donnai le traitement au chauffeur, pris comme lui et qui fut aussi guéri très-vite, plus l'enfant Parsy et Dujardin-Boucher.

En reproduisant cette copie de mon envoi à M. le Commissaire Central, je montre que l'Administration toute entière n'ignorait rien et que c'est en parfaite connaissance de cause qu'elle est venue réclamer mes services dans un moment de détresse.

Je vais maintenant publier en entier mon envoi à M. le Maire à la fin de l'épidémie. C'est un travail bien long mais que je serais coupable de ne pas faire à cause des services qu'il peut rendre dans l'avenir.

*H. Castel, médecin à Roubaix, à Monsieur le Maire
de cette ville.*

Monsieur le Maire,

J'ai l'honneur de vous adresser la liste des personnes
que j'ai traitées pour l'affection cholérique depuis la
première note que vous m'avez demandée jusqu'à ce jour.
Veuillez en même temps recevoir mes remercîments pour
avoir accepté mes ordonnances et bons de secours comme
les médecins du Bureau de Bienfaisance, ce qui n'avait
pas encore eu lieu et que je désire voir continuer dans
l'intérêt des pauvres auxquels vous portez le plus vif
intérêt.

A côté de chaque nom est une colonne pour les
guérisons, de   514
une colonne pour les décès, de   93
                Total :   607
soit 15 ¼ pour % de mortalité.

Au-dessus du nom, il y a une note forcément courte
pour le malade, et vous remarquerez que le nom de
cholérine se trouve plus souvent que celui de choléra ;
c'est que le traitement Raspail qui est préventif enraye
souvent la maladie, alors le patient est étonné d'être déjà
quitte de cette affection dont le nom seul jette l'effroi et
fait fuir les populations.

Aussi M. Cordonnier qui donnait les premiers secours
et me faisait appeler ensuite n'a perdu d'autre ouvrier
qu'un homme qui avait la diarrhée depuis 12 heures sans
en parler à la personne chargée d'administrer les secours.
Cinq ouvriers purent reprendre leur travail dans la même

journée et quinze autres qui furent reconduits chez eux n'eurent d'autre note que cholérine à côté de leur nom.

M. Scrépel-Louage a fait la même chose pour ses ouvriers, il lui en mourut deux dont un qui avait la diarrhée depuis trois jours sans se soigner et ne le fit que lorsqu'il eût les symptômes du choléra. La même chose s'est passée comme à la maison de M. Cordonnier.

M. Descat-Libouton n'eut pas autant de malades mais il a fourni aussi des exemples comme ces Messieurs.

Messieurs Dillies donnèrent à M. Cordonnier leur traitement que j'ai lu et qu'ils m'ont confirmé consistant en un verre à liqueur d'anticholérique Raspail, même deux et à la force, disent-ils, trois et même quatre, frictions d'alcool camphré et frictions d'ammoniaque avec deux tiers d'eau, puis la chaleur dans leur sécherie.

Et quoi qu'il ait paru un article dans le *Mémorial de Lille* où il n'est question que de la chaleur ainsi que dans la *Gazette de France* où ils annoncent 119 guérisons obtenues par la chaleur seule, ils ne me contrediront pas lorsque je dirai que c'est à la liqueur Raspail et aux frictions qu'ils doivent leurs succès et non à la chaleur comme l'article voudrait le faire croire.

Mais lorsque la maladie était déclarée, que nous avions à combattre les crampes, des selles liquides et vomissements continuels, que la soif était atroce et l'excrétion urinaire suspendue, que le pouls se sentait à peine, que les téguments étaient violacés, nous luttions encore pied à pied et quand nous avions des malades dociles, de bons gardes-malades, que les conseils du dehors étaient rejetés, que les malades n'avaient pas pris trop de laudanum auquel plusieurs médecins ont enfin renoncé, alors nous avions l'espoir fondé de guérir notre malade et le nombre de guérisons obtenues dans cette position est grand, et c'est ce qui me fit appeler dans bien des maisons où il était par trop tard ou que notre traitement ne fut pas suivi, ou bien encore que le malade avait pris trop de laudanum et c'est ce qui fait que j'ai encore eu 15 ¼ pour % de perte.

Dans les dix années qui ont précédé celle-ci je n'ai pas perdu un cholérique sur plus de vingt que j'ai traités ni de cholérine sur peut-être 150, car vous savez qu'il ne s'est jamais passé une année sans que nous ayons des cas de l'un ou de l'autre et souvent de l'un et de l'autre.

Mais il fut établi par M. Raspail dans sa brochure *le Choléra*, que nous avions affaire aujourd'hui à une autre maladie causée par les miasmes des eaux, surtout lorsqu'elles sont stagnantes comme à notre canal, des matières végétales parfois même animales qui fermentent au milieu où auprès d'habitations nombreuses et c'est ce qui explique et les divers degrès de la maladie qui est quelquefois foudroyante, et le changement complet de quartier pour la maladie avec une direction complétement opposée du vent. Mais les efforts de votre administration dirigés vers ces idées, empêcheront, j'en ai le ferme espoir, le retour des grands malheurs que nous avons à déplorer.

Dans cet espoir, agréez je vous prie, Monsieur le Maire, l'assurance de mon profond respect.

Votre dévoué serviteur,
H. Castel.

Roubaix, 3 janvier 1867.

Notice sur mes aides de la ville qui étaient toujours sur la brêche pendant le choléra de 1866.

C'est la famille Scrépel-Louage toute entière qui , étant dans un quartier où le choléra sévissait avec force, fit une ambulance dont elle paya tous les frais.

Feu M. Théodore Scrépel fut mon aide le plus actif, il portait de plus aux malheureux, médicaments, soins qu'il donnait lui même et argent.

M. Cyrille Caquant organisa un service complet dans le vaste établissement de M. L. Cordonnier et donnait souvent les soins lui-même.

M L. Cordonnier, pour reconnaître son infatigable dévouement, lui offrit un magnifique chronomètre, avec cet exergue : A M. Cyrille Caquant, choléra de 1866.

M. Joseph Lavallard, Chemin des Couteaux, douanier retraité, fut guéri il y a 20 ans d'une maladie vermineuse pour laquelle on employait tous les moyens que nous combattons.

Il a payé sa dette à la Méthode en la propageant et l'appliquant au lit des malades, il fut aussi atteint par le fléau.

Il a soigné sa mère dans ses trois ou quatre maladies que j'eus à traiter à partir de l'âge de 84 ans, elle vécut jusqu'à 101 ans et 5 mois.

M. Alexandre Démarchelier, rue de l'Homelet, s'employa jour et nuit, fut lui-même frappé par le fléau (ce qui est arrivé à tous mes aides qui étaient dans le quartier où il sévissait, ils étaient par cela même, toujours dans un milieu délétère. Je n'ai eu aucune atteinte pour quatre ou cinq autres aides). Il avait puisé son courage dans la guérison d'une hydropisie ascite de son fils condamné par deux médecins 7 à 8 ans auparavant.

Feu M Alexandre Lepers, rue de l'Homelet, était d'une maigreur très-grande, ne se maintenait depuis très-longtemps que par la Méthode, il avait eu plusieurs hemoptysies, se dévoua comme les mieux portants.

M. Catel, ouvrier teinturier, revenant d'Amiens où il avait porté secours avec notre médication, fut un puissant auxiliaire.

Mme Hortense Laurier aux trois Ponts, faisait la liqueur anti-cholérique du Manuel pour beaucoup de personnes, en la répandant et la donnant, elle enseignait tous les moyens de se préserver et de se guérir.

Feu M. Pierre Devienne, au Raverdi, cour Vandamme, alors que le fléau faisait énormement de victimes dans son quartier, il se multiplia, c'est le mot, de jour et de nuit, fut frappé à deux reprises, à la seconde il accepta des secours de la médecine ordinaire et succomba dans la journée. A trois reprises l'on était venu me chercher sans pouvoir me rencontrer ; en faisant toutes diligences j'arrivai mais il était mourant.

M. Appolinaire Catteau, fut aussi d'un grand secours dans un quartier éloigné du centre de la ville.

Il avait puisé la confiance en la Méthode dans la guérison du bras de son épouse que plusieurs autres médecins avaient appelé cancer.

MM. Pierre Grimonprez, Henri Grimonprez, leur père et un autre frère furent tous intrépides pendant la lutte à outrance que nous soutenions. C'est pour la guérison du dernier cité et d'un de ses voisins que j'ai reçu les félicitations de M. l'abbé Evrard.

' J'aurais encore un grand nombre de personnes à citer mais je ne puis le faire qu'à l'égard de ceux qui m'ont aidé en titre.

Continuation de la liste des malades traités pour l'affection cholérique pendant l'épidémie de 1860 (*)

MM. Carette, concierge chez M. Cordonnier. Fut fortement atteint, selles nombreuses et vomissements, douleurs générales, il eut ensuite de gros furoncles.

Picry, cour du Grand jeu d'Arc, près le pavé de Mouveaux. Très-forte cholérine qui a duré deux à trois jours.

Dlle Haquette, (du pavé de l'Epeule au Chemin Vert.) Très-forte cholerine, elle resta chez elle plus de trois semaines.

Moreau, cordonnier, près de la Promenade de Roubaix. Le père, la mère, furent très-malades (âgés de 70 ans).

Veuve Dupont, cour Deldicque près la rue de Mouveaux. Sa fille avait une forte cholérine qui la fit renvoyer chez elle par M. Cordonnier.

Latour, Chemin-Vert, près le cabaret Destombes. Un enfant bien malade vite guéri.

François Malfait, rue de l'Alouette. Forte cholérine, fut vite remis.

Maison Delobel, no 13, par M. C.. Forte cholérine, traité d'abord chez M. C. chez lui ensuite.

Delaplace, au Pré Catelan. Eut des tremblements très-forts avec la cholérine. Sa femme s'en ressentit et fit la même médication.

L. Yanssens, derrière le Grand jeu d'Arc. Forte cholérine.

Martial Mathieu, à l'Epeule, maison Dhalluin, par M. C.. Forte cholérine qui le fit traiter chez M. C. et retourna chez lui ensuite où je lui donnai mes soins.

Jean Yanssens, derrière le Grand Vainqueur. Sa femme eut un

(*) Toutes ces observations ont été consignées à la hâte sur un cahier déposé aux Archives de la ville. Je ne veux pas y retoucher et demande l'indulgence du lecteur quant à la forme, pour moi le fond a toujours été le seul point auquel je me suis attaché.

Les astérisques indiquent les personnes décédées. Les guérisons, même multiples, n'ont aucune remarque.

C. signifie M. Cordonnier ; S. L. M. Srépel-Louage.

choléra complet et ne sait pas assez répéter combien l'application
de notre traitement lui faisait de bien.

* Bernard Murte, cour Cocu. Sa fille fut très-malade, douleurs
d'estomac atroces, vomissements, constipation, fièvre violente, la
mère eut une forte cholérine, puis mal aux yeux, tous deux guéries,
le père eut un fort choléra et mourut.

Charles Florin, derrière la Chapelle-Prime. Forte cholérine qui
lui faisait craindre la mort, frayeur extrême, guéri.

Jonville, au Chemin-Vert, 39. Trois personnes étaient souffrantes
depuis qu'elles avaient eu la cholérine traitée par d'autres médecins,
furent guéries.

Masson, ouvrier de M. C.. Cholérine guérie.

Rosalie Constenoble et frère, cour Jean, 6. Tous deux, elle et son
frère, furent renvoyés et traités chez M. C. pour la cholérine, j'allai
chez eux deux à trois jours, ils retournèrent ensuite à leur travail.

* Gustave Cocheteux, cour Cocu. Il avait le choléra en plein
quand je le vis; on pensait qu'il n'y serait plus une heure après.
Grâce à sa femme qui passa les jours et les nuits il se remit mais
elle qui se négligeait pour soigner son mari, fut frappée tout à coup
et mourut le jour même; il eût fallu une personne aussi dévouée
qu'elle pour la sauver.

Nysse, maison Frère, près la rue de Mouveaux, 10. La mère et la
fille furent très-attaquées, les symptômes les plus graves du choléra
ne se montrèrent pas, cette maladie ayant été vite enrayée.

Devriendt, boucher, rue de Mouveaux. Cholérine qui effraya
mais n'alla pas loin.

Lagache, cour Vanlaton, 20. Un enfant était bien pris, mais la
maladie s'arrêta.

* Coquant, cordonnier, maison L. B. rue de l'Abondance près la
rue de Mouveaux. Une personne était mourante quand j'arrivai et
mourut quelques heures après; une autre fut gravement atteinte
prit le traitement et guérit.

A. Leplat, cour Vincent Lepers, 64, route de l'Epeule. Forte
cholérine, renvoyée de l'atelier M. Vinchent qui prit note de mon
traitement pour le donner à ses ouvriers.

Dubrunfaut, près le Pèlerin, emb. de l'Epeule. La fille mariée
fut très-malade et vite guérie.

* Demoiselle, no 5, près le Pèlerin. Avait une couleur lie de vin
et une faiblesse de pouls extrême, on voulut la mettre à l'hôpital
pour protéger la famille qui le fut par nos soins préventifs.

* Roland, employé d'octroi, au pavé de l'Epeule, au Chemin Vert.
Etait condamné quand je le vis, avait un très-fort choléra, a
succombé non au choléra mais à une paralysie générale.

Delescluse-Grouillon, au Chemin Vert, en face le no 35. Enfant
bien malade.

Pierre, du Bureau de Bienfaisance, à côté de Roland. Etait
retourné chez lui pour la cholérine fut vite sur pied.

* Castel, au Chemin Vert, n. 35. Une fille de 14 ans guérie
ayant eu le choléra et un enfant de 3 ans mort dans la journée,
très-mal quand je le vis. La mère atteinte de grandes douleurs
d'estomac et d'entrailles fut guérie.

* Ferdinand Liagre, cour Billet, au Chemin Vert. Très-mal

quand je le vis, il était lie de vin, mourut quelques heures après.

Vienne, rue des Arts, 60. Forte cholérine guérie de suite.

Wéber, commis chez M. Vinchent. Retenu chez lui pour une cholérine, guéri promptement.

L. Mourmant, maison Delobel n. 14. Renvoyée et traitée chez M. C. guérit promptement.

Fd Barenne, cour derrière le tissage de M. H. D. Cholérine vite guérie.

Holbart, à l'Epeule. Cholérine vite guérie.

Leroy, cour Sion, rue de Mouveaux. Cholérine qui traîna assez longtemps. Quitta la ville.

Delannoy Noël, rue du Chemin Vert. Mari et femme avec fort choléra ; leur oncle cholérine.

Inglebert Parsy, cabaretier. embranchement près l'Epeule. Un enfant très-jeune avec forte cholérine.

H. Dassonville, près la rue des Arts. Douleurs effrayantes dans tout le corps, fut vite guéri.

Ed. Parsy, cour près le Brondeloi. Cholérine, vite guérie.

Joseph Vervenne, cabaretier, rue de l'Empereur. Fut vite guéri.

Bourgogne, voyageur de M. Leman-Lepers. Très-effrayé, voulut même quitter la ville, vite guéri.

Veuve Delfortrie-Decottignies, rue des Champs. Très-malade, eut besoin de beaucoup de soins et les reçut.

Baron, conducteur Gaydet, rue des Champs. Cholérine, guérit en travaillant.

Beard Ange, serrurier, près de l'Abreuvoir. Je la trouvai très-mal, avait renvoyé M. M. et M. P. je la guéris, mais il a fallu beaucoup de temps.

* Femme Parsy, chez M. Inglebert. Cette femme était très-mal, avait des crampes très-fortes, elle mourut dans la première journée que je la vis.

Gadenne-Mathon, près l'Abreuvoir. Cette dame âgée de 76 ans eut une cholérine avec douleurs vives dans le ventre, fut guérie en deux ou trois jours.

Lemaire, emballeur, chez M. François Lecomte, rue de l'Epidème. Eut une forte cholérine qui le retint une quinzaine de jours chez lui.

Verddau, marchand de liqueurs au Galon d'eau. Une personne descendue chez lui vite guérie.

Catteau, employé chez M. Mouton, rue du Bassin.

Delaplace, horloger, rue du Galon d'eau.

Veuve Legrand, rue du Galon d'eau. A mon arrivée il y avait quatre personnes de mortes et trois très-malades, un changement subit s'opéra.

Vamain-Parsy, cour Saint-Roch. Cholérine guérie vite.

* Fournier-Gadenne, rue du Galon d'eau Quand j'arrivai sa femme était déjà traitée et mourut le jour même que j'y allai. Le mari eut un très-fort choléra ainsi que son fils ; tous deux guérirent, le frère qui les soigna alla à l'hôpital malgré mes représentations et mourut quelques jours après.

Phalempin, rue du Galon d'eau. On m'appela puis un médecin de la ville, j'y allai la nuit, on calma ses crampes par les frictions et la liqueur, il était heureux des soins qu'on lui donnait, le premier médecin continua et je cessai après quatre à cinq jours.

Dhondt, charcutier, contre la cour Lefebvre. Guéri de suite.

Hochedez, brigadier de police. Sa femme eut une forte cholérine qui la rendait très-faible, le mari très-fatigué rentra chez lui et fit aussi notre traitement.

Frère Pierre, domestique au Dauphin, cour Lefebvre. Choléra guéri promptement.

* A l'entrée de la même cour un cholérique était très-mal quand j'allai le voir après d'autres médecins, il eut fallu de très-grands soins qu'il ne put avoir.

* Boclani, rue du Quai, 2. Soigna sa femme qui avait le choléra dont elle guérit mais succomba à des complications.

Dupont, cour Malagie. Cholérine guérie vite.

Demoiselle, cour Malagie, avant dernière maison. Cholérine déjà avancée, traitée par d'autres on engagea les parents à m'appeler et la guérison fut prompte.

Estaminet du Rivage. Cholérine guérie.

Joseph Wattine, maison Malagie, 84. Avait un enfant très-attaqué fut guéri assez vite.

Crombé, Fort Mullier, chauffeur chez M. Scrépel-Louage. Traité chez M. S.-L. fut vite guéri, appelé pour sa fille elle alla vite bien, son beau frère aussi.

Ant. Lefebvre, Fort Mullier. Ce vieillard fut très-attaqué ainsi que sa femme très-âgée aussi et leur fils.

Vanderplanck, Fort Mullier. Je guéris la femme qui était mal et déjà traitée, un enfant puis le mari qui fut plus de quinze jours à se remettre.

Morel, Fort Mullier, 44. Bien malade, guéri vite.

Sa fille, chez M. C.. Bien malade, guérie vite.

Veuve Vanlaton, Fort Mullier. Femme de 75 ans vite guérie.

Femme Leclercq, Fort Mullier. Bien malade, dut se soigner fortement.

Henri, Fort Mullier, 80. Sa femme était aussi bien malade.

Locufier, Fort Mullier, 36. Il avait combattu le mal avec notre traitement et continua trois ou quatre jours encore à se soigner.

* Pluquet, près le Sans-Souci. Perdit une jolie petite fille de 6 ans et ce dans la journée même, malgré mes soins assidus.

Bodart, cour Debuchy. Fut très-malade ainsi qu'une fille et un garçon.

Carette fils, cour Debuchy. Eut un choléra très-fort avec crampes affreuses chez M. S. L. il fut ramené et soigné chez lui, un frère et le père soignés par M. Paquet n'allaient pas bien, on les soigna, la mère tomba malade aussi, on les guérit tous les quatre.

J.-B. Burdems, cour Debuchy. Sa femme eut le choléra et se guérit, plus tard cé fut lui il se guérit aussi, mais tandis que je le voyais hors de danger le médecin et la police voulurent qu'ils allassent à l'hôpital, le mari en est revenu mais la femme est morte.

Au-dessus de la maison Carette. Flle très-malade qui se guérit.

* Débourrie, n. 38. Je le vis une fois, le lendemain il était mort,

il avait été traité par d'autres médecins et ne fit rien de ce que je lui dis.

Boë, cour Debuchy, nouvelle maison. Eut un garçon bien malade, fut vite guéri.

Maison vis-à-vis. Cholérine guérie.

Maison à côté. Choléra guéri promptement.

* Maison dans le fond. Malade indocile déjà traité, mourut dans la journée ou le lendemain que je le vis.

Achille Scrépel. Eut des douleurs de tête violentes, de la fièvre une éruption, je crus à une atteinte de la maladie avec des caractères différents.

Dujardin fils, marchand de charbon. Il vint me voir pour des douleurs qu'il ressentit et qui l'effrayaient beaucoup, c'était là encore une autre forme de la maladie.

Femme Henri Vanesse, ouvrière de chez M. Scrépel-Louage. Eut un choléra très-prononcé traitée pour le compte S. L. qui servit d'exemple dans le quartier.

* Domestique de M. Dujardin. Sa femme eut un choléra affreux dont elle mourut malgré mes soins constants et ceux de M. Dujardin.

Kerkove, cour en face de chez M. Scrépel-Louage. Eut un choléra assez prononcé.

Libreck, cabaretier, en face de chez M. Scrépel-Louage. Trois personnes de la maison furent malades ensemble, mais le traitement enraya la maladie.

Duforest, fossoyeur. Fils et fille étaient assez inquiets, le ventre étant bien malade.

Vve Michel, maison Delcroix. Une cholérine très-forte guérie en cinq à six jours.

Employé de douanes. Avait des selles abondantes et répétées, le traitement le rétablit de suite.

Masure, cour Lavaine. Un choléra très-fort et un phlegmon à la main, guérison rapide.

Henri Dhellemme, à côté l'estaminet du Galon d'eau. Forte cholérine, les selles de cette maladie persistaient, je m'opposai fortement aux potions laudanisées et fus écouté.

* Vaux, charbonnier, au dessus l'atelier de MM. Delfosse frères. Il eut une forte cholérine ainsi que son fils, ils furent guéris mais un enfant mourut.

* A côté Kerkove par M. Precin, cour en face M Scrépel-Louage. Malade indocile, déjà traité et très-malade quand je le vis, mourut 24 heures après.

Leman, épicier, près la rue de l'Abattoir. Mauvais état du ventre et selles répétées, guéri de suite.

Léonard, ouvrier de M. Scrépel-Louage. Même cas que le préc.

Vasseur, cour Billet, 10. Forte cholérine guérie promptement.

Massepreux (Sophie Lempereur), au dessus du cimetière. Etait bien malade quand je la vis elle avait été traitée par d'autres médecins.

En face le cimetière. Je ne vis cette femme qu'une fois, devant me prévenir si elle n'allait pas mieux.

A côté veuve Michel. La mère et le fils furent attaqués et tous les symptômes s'amendèrent.

François Dubus, aux Quinze Ballots. Sa femme était très-malade, il voulut la conduire à l'hôpital et y entrer lui-même je m'y opposai.

Hôpital. N. 53 en face le Calvaire. On fit porter cette malade à l'hôpital aussitôt que je fus appelé, j'en fus très-contrarié.

Veuve Maret, cour Bayart n. 11, 68 à 70 ans. Elle eut deux fois la maladie, à la seconde fois elle fut beaucoup plus grave, elle a dû être administrée.

Fany Cabit, derrière la maison Camille, cabaretier en face de l'Abattoir. C'est un ouvrier de M. Scrépel-Louage, reconduit chez lui deux fois, guéri en quelques jours.

Vandome, concierge. Sa fille et lui étaient très-inquiets car une angine chez le père et de violents maux de tête chez la fille s'ajoutaient à l'affection.

Selosse, cabaretier au Calvaire. Fut vite guéri.

Jean Leten, cour Lézy. Choléra assez fort; selles liquides lancées à un mètre et demi de distance pendant qu'on lui frictionnait le dos, crampes, etc.

Lecroart, barbier en face de chez Duriez. Forte cholérine vite guérie.

* Petit Charles, ouvrier de M. Scrépel-Louage. Choléra très-fort auquel il succomba, étant soigné chez M. S.-L. il avait négligé de soigner sa diarrhée pendant deux jours.

Soyer, ouvrier de M. Scrépel-Louage. Choléra très-fort, soigné et guéri chez M. S.-L.

* Pierre, ouvrier de M. Scrépel-Louage. Choléra très-fort soigné chez M. S.-L. où il mourut.

Lecroart, cour Bayart. Choléra qui eut de la peine à se guérir.

Femme enceinte, cour Bayart. Cholérine guérie promptement.

* Vanhoutte, rue de l'Abattoir. Il fut traité par un autre médecin puis par moi et se guérit. Sa femme eut un choléra très-fort auquel elle succomba.

Carden, par M. J. Watinne. Très-mal quand je le vis, était traité par un autre médecin, je le guéris et sa guérison fit beaucoup de bruit.

Cour Billet n. 15. Un enfant était mort quand j'y allai la première fois pour un autre qui avait une cholérine très-forte et qui laissa 32 vers.

Demors, cour Lavainne. Choléra guéri promptement.

Delbar, cour Debarbieux. Sa fille et lui étaient bien attaqués, la guérison fut prompte.

Henri Bettens, cour Lézy. Fille de 14 ans vite guérie d'une cholérine dont elle était fort atteinte.

Edouard, chez M. Scrépel-Louage. Son enfant était très-malade.

* Romaine, cour Lavainne. Cholérine très-forte, je la fis administrer en la voyant, elle mourut, elle me donna de l'espoir pendant 24 heures.

Logement, cour Lavainne. Jeune homme bien attaqué guéri de suite.

Quinze Ballots, n. 2. Bien attaqué guéri de suite.

Mathurin, à Jean-Ghislain. Sa cholérine le reprit plus fort à la seconde fois, guéri avec l'aide de M. S.-L.

* A. Theffry, sentier du Ballon. Eut un fils bien attaqué et

guéri, sa femme mourut mais avant accoucha d'un enfant en putréfaction, elle avait pris du laudanum.

Selosse, sentier du Ballon. Guérit très-vite.

Dhondt-Foveau, sentier du Ballon. Son état l'inquiétait beaucoup, elle était très-effrayée, elle se remit promptement.

Veuve Leroy, à Jean-Ghislain. Elle était attaquée assez fort ainsi qu'une de ses filles.

Honoré, maison Lefebvre D. Eut un choléra assez fort dont elle se guérit vite.

Antoine, jardinier de M. Lefebvre D. Lui et sa femme furent malades et très-effrayés de ce qu'ils voyaient.

Henri Dufermont. Lui et sa femme eurent tous les symptômes les plus graves du choléra, un enfant fut très-attaqué aussi et la jeune fille nommée Olive qui les soigna; personne ne mourut.

* Barty, à la Longue-Chemise. Jeune fiile de 7 à 8 ans très-mal quand je la vis, mourut très-vite.

* Parysel, sous-brigadier, traité pendant un mois après un autre médecin qui avait ordonné une potion avec deux grammes de laudanum et le liniment opiacé. Eut un choléra effrayant, puis une méningite, un phligmon diffus de la cuisse, une maladie erruptivé de tout le corps, une douleur de côté qui le fit souffrir horriblement et mourut quand il donnait tout espoir.

Duflo, sentier du Ballon. Il y eut constamment deux à trois personnes dans le lit pendant deux à trois semaines et tous guérirent malgré la grande misère et le triste local.

Mulliez, près Honoré, maison Lefebvre D. Guéri de suite de sa cholérine.

* Ghislain (femme). ancienne ouvrière de M. Scrépel-Louage, dernière cour à droite, sentier du Ballon. Cette femme succomba promptement à un choléra effrayant.

** Veline, dernière cour à droite, sentier du Ballon. Il perdit sa femme et son enfant qui étaient déjà traités quand je les vis pour la première fois.

Veuve Lambert Petit. maison Lefebvre D. Eut les accidents les plus graves et se guérit ainsi que sa sœur qui était toujours sur pied pour la soigner, elle était seule pour cela et malade elle-même.

* Kimpe, maison Lefebvre D. J'allai le voir le soir, le lendemain matin il était mort.

* Rosalie Dubois, sentier du Ballon, première maison à gauche. Etait âgée de 75 ans, déjà malade depuis un ou deux jours.

* Sophie Bijou, maison voisine au précédent. Etait dans la plus misérable chambre et ne fut que très-peu soignée.

Bijou, épicier à Jean-Ghislain. Elle eut le choléra le plus fort ainsi que deux de ses enfants (son mari et un enfant étaient morts).

Veuve Joseph Monnier, sentier du Ballon. Elle eut une très-forte cholérine ainsi que deux de ses filles dans des chambres très-mal saines.

Devienne, près Lamarotte. Eut un choléra très-fort qui céda vite au traitement, le frère et la sœur une cholérine vite guérie.

Donnez, cour de la Longue-Chemise. Choléra guéri promptement.

* Veuve Mathon à Jean-Ghislain. Sa fille eut un choléra très-fort et se guérit, puis une fièvre typhoïde où elle succomba.

Contre-maître de M. Florin. Fut porté à la place de la machine, son état était grave, la liqueur anticholérique le guérit de suite.

* Femme de 75 ans, sentier du Ballon.

Martial Roquet, première cour à gauche, sentier du Ballon. La mère et la fille eurent un choléra très-fort dans la plus triste demeure

Maison Lefebvre-Ducatteau. Une jeune fille eut des symtômes graves et fut remise sur pied de suite.

* Thibaut, près la rue de la Paix. Cette femme est venue me consulter puis j'allai la voir une ou deux fois.

Lefebvre, dans la cour de la Longue-Chemise en face le n° 4. Cette femme logée on ne peut plus mal, se guérit d'un choléra grave et accoucha d'un enfant mort.

Glorieux, en face la cour. Choléra, puis la fièvre typhoïde.

Mme Clémence Mathon. Choléra puis la fièvre typhoïde très-forte.

Jean Battens, à la Longue-Chemise, 16. Fut gravement atteint, faiblesse de pouls, crampes et tout le cortège de cette effrayante maladie.

Dame qui occupe le haut. Eut une cholérine très-forte.

* Mme Vve Duthoit, cour Duthoit, sentier du Ballon, 10. Elle perdit une fille en faisant des infractions graves au traitement et guérit l'autre en le suivant exactement.

Prudent Monnier, cour Duthoit, sentier du Ballon, 10. Femme guérie d'une forte cholérine et l'enfant aussi.

Roger Jh., cabaretier à Jean-Ghislain, maison L. D. Eut une cholérine et sa fille aussi.

Vouters, tailleur, à la Longue-Chemise. Le mari et la femme furent trés-attaqués, mais n'eurent pas de crampes.

* Charles, domestique chez M. H. Wattinne. Garçon de 7 à 8 ans qui mourut dans la journée.

* Martinage, sentier qui va aux maisons Lefebvre-Ducatteau. Choléra foudroyant, traité vigoureusement et ne laissant de suite que peu d'espoir.

Monnier, première maison en face le sentier qui va aux maisons Lefebvre-Ducatteau. Fut promptement guéri.

Boulanger, étameur, rue de la Paix. Sa femme eut le choléra avec son effrayant cortège et se guérit très-bien.

Cordonnier, au bout, à droite, sentier de la Longue-Chemise. C'est une fille qui a été ramenée chez elle — la liqueur anti-cholérique la rétablit de suite.

* Dubrulle, fort Wacrenier. Eut un choléra très-fort dont on croyait la mort immédiate, mourut au bout de deux ou trois jours.

Meerts, rue de la Paix, à droite. Choléra très-fort chez une jeune fille de 18 ans guérie.

Vangerme, à Jean Ghislain. On vint me chercher en désespoir de cause, son état était très-grave, il était traité depuis plusieurs jours par M. P.

Deschamps, à l'Anguille d'Or. Le père et le fils eurent les symptômes les plus graves de la maladie, ils furent enrayés de suite.

Franchomme, fort Lefebvre. Cette jeune fille fut attaquée vivement et la guérison eut lieu promptement.

Delcroix, près la tannerie Flipo. La femme était on ne peut plus effrayée en ayant la cholérine, la guérison ne se fit pas attendre.

Dans la cour n· 20. Cholérine vite guérie.

Laîné Bailly. Le mari avait été mis à la chaleur avant de retourner chez lui pour une cholérine s'en trouva bien mais il dut suivre notre traitement pendant huit jours ainsi que sa femme.

Désiré, en face Castelain. Se guérit en quatre ou cinq jours.

Chauffeur et sa sœur. Très-attaqués, guéris vite.

Lenard, no 62, maison Flipo. Lui et sa femme eurent leur maladie corrompue et furent souffrants une quinzaine de jours.

Grimonprez H., cour Lehouq Son enfant fut très-malade mais se guérit.

Roland, cour Lehouq. Deux personnes, le père et le fils furent guéris promptement, deux frères étaient morts, le père était très-effrayé.

* Cour Lehouq, no 7. Je donnai mes soins à un enfant mourant et à un autre que je guéris.

Cour Lehouq no 15. Jeune fille bien guérie.

* Gille, rue de la Paix. Choléra affreux dont il guérit mais il succomba à une paralysie des membres avec l'intelligence nette.

Husse Louis, cour Gme Lefebvre. Choléra fort dont il se guérit en trois semaines.

Delamadrie B. Choléra très-fort et fièvre typhoïde, bien guéri.

Puche, charcutier, à côté. Forte cholérine bien guéri et vite.

Marissal, cour Duthoit, sentier du ballon. Guéri d'une cholérine.

Maison à côté Martinage, rue en face Lamaladrie. Choléra vite guéri chez une demoiselle.

A. Démarchelier, près le fort Wacrenier. Il soigna le choléra pendant toute l'épidémie en fut attaqué deux fois et guérit chaque fois.

* Deleporte, vis-à-vis no 97. Il eut le choléra avec trois autres personnes et mourut de la fièvre typhoïde, maison malsaine.

Farvacque, cour Duthoit, au coin. Cholérine guérie.

H. Monchaux, cour Gme Lefebvre. Cholérine guérie.

Ad. Roussel, cour Gme Lefebvre. Cholérine guérie.

Ed. Dhondt, J. G., Cholérine guérie.

Célina Delreux, cour Lehouq, Cholérine guérie.

* Dussart, cour en face Castelain, épicier, à Jean-Ghislain. Etait très-mal quand je le vis après d'autres médecins, mourut peu après.

Beussart, tisserand, à côté du Beau Chêne. Très-attaqué et ne revint que par les soins bien donnés de notre médication.

* Vandecrusse, à la Basse-Mazure. Cholérine forte lorsque je la vis après d'autres médecins. Elle était morte à ma seconde visite.

* Roussel Parsy, maison Bredart, Chemin des Couteaux. Il eut le choléra très-fort ainsi que sa femme ; ils se guérirent, mais un de leurs enfants mourut.

* Molard, chauffeur chez Lefebvre-Ducatteau, maison Bredart, 45. Etait très-mal quand je le vis, fut guéri, au grand étonnement du quartier.

Louis Hus, maison Bodart, 46. Il fut bien malade ainsi que sa femme et un enfant.

Grimonprez, maison Bredart, 44. Je reçus des félicitations du confesseur M. Evrard, qui ne lui donnait plus une heure à vivre. Sa sœur fut très-mal.

Damas Parsy, sur le chemin à côté la cour. Choléra bien guéri chez la mère et cholérine chez une autre personne.

Henri Vienne, cour à la Basse-Mazure. Choléra promptement guéri.

* Delbar Molard, dans la maison Lagaisse, au Dernier Sou. Sa femme eut une perte avec le choléra, son mari fut très-atteint; ils perdirent un enfant.

Vve Delbar, derrière. Femme très-âgée, guérie ainsi que son fils, tous deux avaient été très-malades.

** Lagaisse, au Dernier Sou, chemin des Couteaux. Choléra foudroyant chez le mari et la femme traités sans relâche avec mes aides.

Parsy, chemin des Couteaux, no 2. Fut très-attaqué c'est un homme très-fort qui laissa plus de vingt-cinq vers lombricoïdes.

Gous, chemin des Couteaux, no 4. Ne voulait se traiter qu'à demi quoique ayant la diarrhée caractéristique eut ensuite un fort choléra.

Parsy, chemin des Couteaux. no 17. Choléra guéri.

B. Lepers, à côté de l'atelier de M. Prouvot. Recommandé par M. Lagache fut guéri de suite. Sa fille traitée par une autre méthode mourut pendant ce temps.

* Franchomme, près Lamarotte, no 16. La femme mourut d'un choléra déjà ancien quand j'y allai, deux de ses enfants se guérirent.

* A côté Delbar. Mort prompte, fut traité par mes aides.

G. Barèmarck, jardin M. Paquet. La fille fut atteinte très-fortement et se guérit très-bien, la mère eut aussi la maladie mais moins forte.

Alp. Salembier, sentier le long du jardin M. Paquet. Cholérine guérie.

F. Flipo, près la ferme Salembier. Appelé après un autre médecin se trouva très-bien, puis il prit un autre médecin sans que je puisse m'expliquer ce changement. A été guéri.

Lavallard, concierge chez M. Prouvot-Scrépel, chemin des Couteaux. Se dévoua dans son quartier et obtint des succès brillants, il fut très-atteint lui-même et se guérit.

Cabaret de la Fosse-aux-Chênes. Deux enfants avec la cholérine.

E. Grenier, Fosse-aux-Chênes. Je fus remplacé pour la femme par un médecin auxiliaire diplômé, elle mourut quelques jours après avec l'une de ses filles.

Martinage, brigadier près Lamarotte. Douleurs violentes dans le corps qui l'inquiétaient.

Demarchelier, derrière Lamarotte, au Nouveau monde. Jeune fille de 14 ans guérie d'un choléra très-fort.

Emile Picavet, au près le dit Lamarotte. Choléra très-fort bien guéri.

Haquette, fabricant de harnats, auprès Lamarotte. Cholérine vite guérie.

Près la première ferme à gauche. Cholérine vite guérie.

Done. Mère, fille et garçon soignés par Lavallard, tous bien guéris.

Sequedin, domestique de M. Vandome. Etait tombé de cheval et ne pouvait plus se tenir, il fut aussi guéri par M. Lavallard.

*Laignel, au-dessus de la Basse-Mazure, près Lavallard. Cette femme fut ramenée chez elle très-malade, mourut 12 à 24 heures après que je la vis.

* Lesage, cour Lagache, près les Pères. Un enfant très-mal qui mourut promptement, je ne le vis qu'une seule fois.

** Demarchelier, près la ferme Delcroix. Sa femme fut très-vite enlevée, ainsi qu'un enfant.

* Charbon, au Cul-de-Four, près le cabaret. Fut très-vite enlevé, triste local.

* Vve Duhamel, cabaret du Cul-de-Four. J'eus à peine le temps de la voir.

Adèle Fme Catteau, cour Vandome, première maison derrière le Gaz. Très-attaquée, bien guérie, et s'accoucha d'un bel enfant.

Pri, maison Camille Leroux. Forte cholérine, bien guérie.

Lecomte, près les Pères, Forte cholérine, bien guérie.

Cour Duthoit, près le cabaret St-François. Forte cholérine, bien guéri.

* Cour Duthoit, près le cabaret St-François. Choléra traité après d'autres médecins,

H. Hus.. en face fort Mazure, no 15. Cholérine très-forte guérie une première et seconde fois.

** Monnier. en face le fort Mazure no 17. Il mourut deux enfants à quelques semaines d'intervalle.

Ve Debuine, fort Mazure, près le puits. Eut un fils avec fort choléra guéri, après avoir été traité par d'autres médecins son état était inquiétant, elle perdit ensuite un enfant.

Th. Muret, Cité St-François, 21. Sa femme eut un fort choléra et fut bien guérie.

Ramon, Cité St-François. 7. Son enfant fut bien attaqué et se guérit vite.

Fort Mazure, deuxième maison à gauche. Cholérine guérie.

Delair, cité St-Francois, 17. La femme qui venait de perdre son mari se guérit très-bien.

Ramel, rue St-Laurent, no 5. Cholérines guéries.

Rue St-Laurent. 3. Cholérine guérie chez un enfant.

Royer, cour Boussemart. 8, rue Fosse-aux-Chênes. Cholérine guérie.

Au no 7. Cholérine guérie.

Au no 9. Cholérine guérie.

Au no 10. Cholérine guérie.

Fidèle Vanokerkove, au no 13. Cholérine guérie.

Cour de la Trompette 7. Cholérine guérie.

* Successeur Labitte, cabaret de la Fosse-aux-Chênes. Choléra chez la femme bien guérie. J'avais été appelé pour une petite fille après d'autres médecins, elle mourut.

Cour de la Cambuse, no 6. Choléra prononcé, vite guéri.

Delamotte, cour de la Cambuse no 10. Cholérine vite guérie.

7

La Rose, près la maison Mazure. Cholérine vite guérie.

* La maison à côté. Malade traité par d'autres médecins mourut peu de temps après ma première visite.

Domestique, cour Flipo, rue des Ecorcheurs. Cholérine vite guérie.

Dauphin, cour Flipo, rue des Ecorcheurs. Très-attaqué fut vite sur pied.

* Cour Frasez, 31. Malade traité avant ma visite mourut quelques minutes après.

* Cornille, cour Frasez, 20. Malade traité avant ma visite mourut quelques minutes après.

Royer, cour Delattre, 162. Choléra assez fort, vite guéri.

Delattre, cour Delattre 17, en face Roger. Fut porté à l'hôpital.

Maison du coin, cour Delattre. Cholérine guérie.

Marchand de légumes, en face Leroy. Abandonna le traitement.

Selosse, au Cygne, route de Tourcoing. Cholérine guérie.

Brosse, près le peignage Morel. Cholérine guérie.

Primuy, rue de la Guinguette, Choléra vite guéri.

Carpentier, cour Flipo, près Paulus. Choléra guéri.

* Fosse Cuvelle. 18. Il fut porté à l'hôpital quand je le croyais sauvé et il y mourut, sa femme était morte en peu de temps.

* Florentine, épicière, fort Bayart, 2. Très-attaquée et traitée différemment, mourut dans la même journée.

Dujardin, au Fort Bayart, ouvrier de M. Descat-Libouton. Choléra très-fort et fièvre typhoïde, bien guéri.

* Epicier, au Fort-Bayart, no 4. Appelé après d'autres médecins, mourut très-vite.

Viville, Fort Bayart, 8. Une jeune fille avec choléra, se guérit bien.

Au Clairon des Zouaves. Il se sentait bien malade, fut vite guéri lui et son garçon.

Mathon, cour Derville, rue Pellart. L'homme et la femme furent bien guéris.

L'aigle noir, rue du Couvent. Se sentait très-malade, fut vite guéri.

* Devisse, cour Defontaine, au bout. Etait déjà traité, mourut peu après que je le vis.

L. Dematine, au fort Bayart. Fille avec choléra, vite guérie.

Mazure, boucher. Eut plusieurs fois la cholérine, il porte une maladie d'estomac depuis longtemps.

A. Bracaval, cour Wattel. Choléra prononcé, vite guéri malgré une maladie d'estomac déjà ancienne.

* Carbon, Cour Lagache, près de l'estaminet de Bruxelles. Cette femme avait un fort choléra et elle mourut le même jour.

Vanhalst, tailleur, fort Frasez, 69. Sa femme et lui eurent une forte cholérine qui reparaissait toujours, bien guéris.

Henri Lefebvre, cour Cliquet, 2. Cholérine forte chez la femme, vite guérie.

* Carpentier, maison Dhalluin, près la ferme Piat. Traité avant mon arrivée, mourut peu de temps après.

* Defontaine, maison Dancette derrière l'atelier Paulus. Traité également avant mon arrivée, mourut aussi.

Delobel, fort Frasez. 118. Cholérine bien guérie.

Pierre Balde, au Fontenoy. Cholérine bien guérie.

* Cour Losfeld, 19 Choléra fort, déjà traitée, elle est morte par sa faute. Plusieurs fois j'avais exprimé mon mécontentement, elle était moins attaquée que Lefebvre.

Floris Goussée, Longue-Voie. Malade du choléra ou plutôt moribond, guéri à force de soins.

Deleporte, aux Trois Pigeons, rue des Fondeurs. Un enfant eut la cholérine.

Mlle Bulteau, chez M. Scamps. Portée à la machine de M. Scamps, on la voyait très-mal, fut vite guérie.

Rue de la Lys, deuxième porte à droite. Un enfant bien guéri.

Veuve Flamencourt, rue Neuve du Fontenoy. Fille revenue de la maison Cordonnier, vite remise.

Deboisne, près l'estaminet de Bruxelles Cholérine guérie.

Delattre, cour derrière Goussée, rue de la Longue-Voie. Enfant porté à l'hôpital quand je l'eus traité, il allait un peu mieux.

A l'Ours blanc, rue de la Guinguette. Cholérine guérie.

Stalens Samain, rue de la Redoute. Cholérine guérie.

Parent Delannoy, rue du Fontenoy. Cholérine tenace guérie.

** Cour du Canarien, mère et enfant morts par l'insalubrité de la maison qui est contre les lieux, émanations infectes jointes à une odeur de chlore très-forte. Je fus malade de les avoir soignés.

* Cour du Canarien, une autre femme. Fut très-vite enlevée aussi.

Casiodore Tassart, rue de l'Empereur, cour au bout à gauche. Bien attaqué après avoir soigné son frère, guérit vite.

Jouville, rue de l'Arc. Ouvrière de M. Cordonnier, ramenée chez elle vite guérie.

François Loez, serrurier rue des Ecorcheurs. Forte cholérine vite guérie.

Lagache, bedeau à Notre-Dame. Choléra avec transpiration, vite guéri, on voulut le conduire à l'hôpital, je m'y opposai.

Cour du Canarien, 52. Cette femme était très-mal, on voulut quand même la conduire à l'hôpital.

Carlos Tassard, rue de l'Empereur. Traité par d'autres avant moi, il mourut après nous avoir donné de l'espoir.

Savary, rue du Temple, 45, traité par les ordres et pour le compte de M. Reboux, imprimeur. Eut le choléra et fut vite sur pied, quoique sans famille, reçut beaucoup de soins.

H. Voust, Chapelle-Carette. Gravement atteint, s'est remis et laissa le ténia.

Cour Cavrois, 4. Choléra chez deux personnes qui furent de suite bien traitées par un voisin.

Cour Cavrois, 5. Cholérine guérie.

* Cour Cocheteux, 6. Revenue de l'atelier Dillies une femme était très-mal, elle aurait pu guérir sans des conseils contraires.

Rue Notre-Dame, 8, marchande. Malade très-effrayée avec la cholérine, vite rassurée puis guérie.

* A la Lyre, Place Notre-Dame. Femme déjà traitée qui mourut plus tard, on mit toutes les personnes de la maison à l'hôpital.

Joseph Vandeveine, cabaretier, rue de l'Empereur. Cholérine vite guérie.

Claire Letombes. Vint me voir pour une cholérine et être en mesure contre les attaques du choléra.

Bequart, voiturier, rue de la Rondelle. Fille de 15 ans très-mal traitée par d'autres, elle se guérit très-bien.

Primucq, rue de la Guinguette. Cholérine guérie.

Agathon Glorieux, cabaretier au Hutin. Beau cas de choléra guéri.

* Glorieux fils, au Hutin. Il avait une cholérine, me demanda conseil et ne le suivi pas, le lendemain il revint de l'ouvrage et mourut peu après que je le vis.

Gillet, au Hutin, 6. Avait plusieurs malades on les conduisit de très-loin à l'hôpital étant très-mal.

J. François Demaret, au Hutin, 7. Même observation que pour Gillet, avec une personne de plus pour les bien soigner pouvaient guérir.

* Veuve Lepers, au Hutin. Femme âgée morte en 24 heures.

Baptiste Dorchies. Enfant très-mal, bien guéri.

Signelgnot, rue du Fort, cour Valès à droite. Père, mère et enfant très-attaqués, bien guéris.

Rue du Fort, 51. Cholérine guérie.

Paul Therin, rue du Couvent, à côté du fort Bayart. Cette femme me donnait de l'espoir, le fils épuisé de fatigue dut la mettre à l'hôpital où elle mourut.

Boucher, rue du Fort, 12. Bien attaqué, se guérit.

Demoiselle chez Lepers, rue du Fort, 33. Me fit appeler, puis entra à l'hôpital, elle y mourut.

* Parent, rue du Fort, en face de la glacière. C'était un homme qui suffoquait, mourut peu après, j'attribue cela à l'effet défavorable de l'opium.

* Gabriel Philippe, cour Valès, rue du Fort. Eut un enfant très-attaqué, il mourut dans la nuit qui suivit ma première visite.

* Henri Derick, rue du Collége. Commença par une cholérine qui ne fut pas soignée, il eut ensuite un choléra très-fort auquel il succomba malgré de bons soins.

Deschamps, au Pinson d'or, rue du Fort. Cholérique traité par un autre médecin. Etant très-mal, on me fit appeler et fut guéri. Pour ceux qui l'ont vu c'était une résurrection.

* A côté Derville, rue du Fort, 65 Un enfant qui mourut.

Derville, rue du Fort, 65. Fut conduit à l'hôpital.

Eugène, chez Delescluse, rue du Collége. Bien attaqué, se guérit très-bien.

H. Samain, cabaretier, rue du Fort. Cholérine guérie.

Delattre, au Bombardon estaminet. rue Pauvrée. Cholérine traitée après d'autres médecins, je n'avais plus d'inquiétude quand je fus remercié ; cette femme mourut.

Casimir, jardinier de M. Grimonprez, à côté la brasserie, au Château. Choléra très-fort, bien soigné et guéri, sa fille en fut atteinte mais les médicaments du père enrayèrent de suite la maladie.

Dhelin, ferblantier. Cholérine guérie.

François Félix, à Ma Campagne, près le cabaret. Traité d'abord par un autre médecin, ne se rappela pas de mes premières visites, la famille était désespérée, il guérit puis devint aveugle, il y voit maintenant un peu, sa femme s'épuisa en le soignant, elle devint malade et mourut en 24 heures.

Veuve Dumont, au Bas de l'Enfer. Cette femme est le plus bel exemple de guérison de choléra très-grave, grâce au dévouement de ses voisins.

Noclain, au Bas de l'Enfer. Choléra vite guéri, était cependant bien mal quand je le vis.

Tahon, au Bas de l'Enfer. Cholérines guéries.

Ch. Dhaine, au Bas de l'Enfer. Très-attaqué, se guérit bien, il eut les jambes très-enflées.

Veuve André, au Bas de l'Enfer. Cholérine guérie.

Ghesquière, horloger à côté Dhelin. Il me fit appeler et je ne pus m'y rendre.

Asbercq, première cour avant le Raverdi. Phthysique que j'ai pu guérir du choléra ainsi que son enfant. Se rétablirent vite.

Première maison à droite de la dite cour. Une personne très-mal quand je la vis, traitée par le médecin du Bureau, se guérit très-bien du choléra.

Prosper Dumont, maison auprès Vandome. Sa femme et lui eurent le choléra, s'en guérirent.

* Pierre Deswemme, maison Vandome. Cet homme, la providence de son quartier, se croyait guéri de sa cholérine et fut imprudent il eut ensuite un très-violent choléra. Je ne pus que retarder sa mort.

Deltour, maison Vandome n. 82. Fut très-attaqué ainsi que sa femme. Sa femme alla mieux, toutes les personnes de la maison allèrent à l'hôpital, elles y moururent à quatre. Deltour rentra seul.

Carton, maison Vandome. Cholérine guérie.

Masure, maison Vandome, 76. L'infortuné Deswemme lui appliqua le traitement après m'être venu chercher la nuit et on le ressuscita.

Dumont, près la Broque de bois. Cholérine guérie, quoique l'estomac soit malade depuis longtemps.

Veuve Plateau, à la Potennerie. Cholérine très-vite guérie.

Vincent, au Pont de Canteleu, à l'estaminet. Cholérine très-vite guérie.

Cité du Coq français, 15. Trois personnes furent attaquées très-fortement et guérise.

* Vlemick, au Pile n. 12. La femme ne put être soignée comme il le fallait, son mari soigné autrement, mourut après elle.

Au Pile n. 11. Cette femme était très-mal, je la guéris après avoir été traitée par d'autres.

Derrière cette maison, trois personnes. Cholérines guéries.

Allard, au Pile n. 22. Deux choléras guéris.

Parent, cité du Pile, 69, enfant mort. Choléra déjà avancé quand je le vis.

Cité du Pile, 47. Cholérine guérie.

Selosse, au Pile, dans la dernière cour n. 105. Choléra assez fort, bien guéri.

F. Decamps, au Pile, dans la dernière cour n. 55. Cholérines guéries chez le mari et la femme.

Hautecœur, cabaretier près le Franc-Bois. Choléra promptement guéri, avait perdu trois personnes, sa femme et deux enfants.

Deconinck, près le Franc-Bois. Grand propagateur du traitement, guérit très-vite, il a sauvé plus de 40 personnes à Lys, le médecin a cherché à l'empêcher.

Dumortier, près le Vert Pré, cultivateur. Suette bien prononcée.

Favorel, près l'atelier Darras, à Tourcoing. Fortement attaqué de l'estomac.

Vivequin, près le Moulin-Fagot à Tourcoing. J'avais guéri deux personnes, puis la maladie revint et la mère fut malade aussi. Toute la famille alla à l'hôpital, la mère et la fille y moururent.

Vermeulin, à Armentières. Il eut une attaque très-forte dont il se guérit promptement.

Veuve Thibaut, maison Deprets n. 41, près Sainte-Elisabeth. Choléra très-fort où je fus appelé en désespoir de cause, bien guérie.

En face la Chapelle du Tilleul. Choléra guéri.

Franchomme, cour Renaux, au Tilleul. Cholérine guérie.

Elie Debarbieux, près du Cheval blanc. Choléra le plus fort, bien guéri, laissa 38 vers.

Debarbieux-Cardon, auprès. Fièvre typhoïde pis qu'un choléra, ayant du reste plusieurs de ses caractères, laissa aussi des vers.

Veuve Lasaffe, auprès. Cholérine guérie, sa fille devint malade elles allèrent toutes deux à l'hôpital.

Salomé, aux Trois Ponts. Avait été traité pour la cholérine et ne pouvait pas reprendre l'ouvrage, fut vite guéri.

Baudum Debane. Maladie vermineuse qui donnait tous les symptômes du choléra.

Labbens. Trois femmes et filles avec fièvre typhoïde la plus grave et symptômes de cholérine, bien guéries, laissèrent des vers toutes les trois.

* Bouvier, cabaretier aux maisons de Renaux. Choléra très-fort, j'y fus de 10 heures 1\|2 à 3 heures me donna de l'espoir, mais après l'on abandonna mon traitement, elle avait pris assez d'opium pour arrêter les selles court.

Puche, rue du Chemin-Vert. Suette bien prononcée.

Pierre, cour Romaine, rue des Longues-Haies. Guérit son garçon, il tomba malade aussi alla à l'hôpital où il mourut.

Louis Philippe, cour Romaine. Choléra très-fort, traité par les vomitifs, je la soignai quand elle fut très-mal, elle guérit très-bien.

Bernard Derudder. Cholérine guérie.

* Estaminet de l'Ancre, rue du Moulin brûlé. Je fus appelé trop tard, mourut quelques heures après que je la vis.

Cour en face Eloi, rue du Moulin brûlé. Une suette chez un enfant fut vite guérie.

Bauvin, chauffeur, cour derrière Desmons. Choléra vite guéri.

* Desmons, rue de Baurewart. Choléra complet et bien guéri, puis succomba à une paralysie des membres, elle fut trois semaines malade, eut tout à supporter.

Nutte, cité du Coq français, 1. Cholérine guérie promptement.

** Brunswick, cour Deldalle, première maison à gauche. Perdit deux enfants du choléra.

* Calveux, cour Deldalle, dernière maison à gauche. Choléra avec fièvre typhoïde guéri, un autre enfant mourut.

Félix Uttenove, cour plus haut. Toutes les personnes de la

maison furent malades (cinq ou six), elles allaient bien selon moi, quand je trouvai la porte fermée; elles étaient toutes à l'hôpital, deux y moururent.

Catalbert, à la Princesse d'Epinoy, rue Baurewart. Cholérine très-vite guérie.

Demettre, cour au-dessus, rue Baurewart. Cholérine vite guérie.

Florin-Dassonville, marchand, route de Lannoy, 48. Cholérines guéries.

Pauchant, rue de Baurewart, 27. Mère et fils, cholérines guéries.

Denis Squedin, charcutier, rue du Chemin vert. Cholérine chez sa femme.

Franchomme, près le Cheval blanc Cholérine guérie.

Andrieux, rue du Chemin vert. Cholérine guérie.

Vincent, employé d'octroi, rue Saint-Jean, 11. Cholérine guérie.

Castelain, en face maisons Deprets, près Sainte-Elisabeth, 60. Choléra guéri.

Ouvrier de M. Scrépel-Louage, près Sainte-Elisabeth, 66. Cholérine guérie.

*.Ant. Laforge, près Sainte-Elisabeth, 52. J'y allai le soir le matin sa femme était morte.

Clayes, cordonnier, près Sainte-Elisabeth. Cholérine guérie.

Legrand, rue des Ecoles. Choléra traité par d'autres médecins, allait mal, je le guéris.

Cour derrière Legrand. Jeune fille très-attaquée et guérie.

Wicart, cour au-dessus Larivière épicier route de Lannoy. Mari et femme bien guéris d'une forte cholérine.

Alexandre Pollet, cour Olivier, près la campagne de M. Descat. Suette bien prononcée.

Jean Deprater, cour Olivier. Cholérine très-forte.

Veuve Debarmacker, maison contre la cour Olivier. Cette femme veuve avec onze enfants en eut quatre très-malades et préserva les autres.

Lebrun, cour Olivier. Choléra chez deux et cholérine chez le père.

Cholore, cour Olivier. Père, mère et trois enfants eurent un fort choléra, tous se guérirent.

Clavet, cour Olivier. Choléra fort, guéri ainsi qu'un enfant avec cholérine.

Defives, à côté Cholore, cour Olivier. Choléra guéri.

Geon, à côté Cholore, cour Olivier. Cholérine guérie.

Helin, rue du Fresnoy. Cholérines guéries, puis la fille entra à l'hôpital.

* Simon Liscaut, rue du Fresnoy. Choléra chez un enfant.

H. Mortier. Suette d'abord, puis choléra très-fort, je le sauvai et l'empêchai d'entrer à l'hôpital.

** Veuve Leplat, contre la cour du Fresnoy. Elle perdit son mari qui fut imprudent, puis une fille que je condamnai de suite, un autre enfant fut guéri.

Fany Derumaux, contre la cour du Fresnoy. Très-attaquée, guérie.

Lasaffre, cabaretier au Veau d'or. Cholérine guérie.

Capelle, rue du Fresnoy, 33. Cholérine guérie.

Clarisse, rue du Fresnoy, 35. Cholérine guérie.

* Brayes, chemin de la Maquellerie, par M. Cordonnier. Il guérit une fois, puis un très-fort choléra l'enleva en 24 heures.

Meunier, près la barrière du chemin de fer, à l'Allumette. Cholérine guérie.

Lemaire, facteur à l'Allumette. Cholérine guérie.

A côté de l'Allumette. Cholérine guérie chez un enfant.

Lenard, cabaretier au Pont de l'Union. Sa femme fut guérie d'une cholérine.

Mille, marchand rue de l'Abreuvoir. La servante a eu une cholérine très-forte.

Gossens, rue du Chemin de fer. Cholérine assez forte.

Allard, rue de l'Hospice. Cholérine assez forte.

* Dewailly, employé route de Lille. Choléra. Appelé à sa dernière heure on ne fit pas le traitement.

De l'Etoile, route de Lille. Choléra vite guéri.

Prouvot, cour à côté de la fonderie de cuivre, route de Lille. Cholérine.

Vandavoir, route de Lille. Cholérine.

Andrieux, cabaretier en face de l'hôtel du Nord. Suette chez le père et douleurs d'entrailles effrayantes chez l'enfant, (laissa des vers).

* Eloy Delescluse, rue Notre-Dame. J'allai traiter la femme enceinte et très-attaquée, je me plaignis qu'on ne la traitât qu'imparfaitement.

Martin, rue de l'Alma. Cholérine guérie.

* Prouvot fils, cour Joseph Quint. Je fus appelé trois heures avant sa mort, mon traitement ne fut pas appliqué.

Pierre Demarchelier, au Fontenoy. Cholérine guérie.

Romaine Derrevaux, au Calvaire, 73. Cholérine guérie promptement.

Dumont, employé de douanes, près la ferme Féret. Cholérine guérie.

. Soyez, chez M. S. L. Forte cholérine vite guérie.

Dupont, près la ferme Féret, à côté. Cholérine guérie.

A. Leclercq, cour Platel, 3, au Calvaire. Cholérine guérie.

Cyrille Decamps, contre-maitre chez M. Toulemonde. Cholérine guérie.

Sieyes, fils du concierge de M. Descat-Libouton. Choléra guéri promptement.

Ad. Hélinck, cour Duthoit, près la cité Lefebvre D. Choléra guéri promptement.

Mélanie, cité Saint-François, 6. Fut guérie avec deux enfants.

Cité Saint-François, 5. Deux enfants furent guéris.

* Prouvot, cour Joseph Quint. Le fils était traité déjà, on me fit appeler et il mourut trois à quatre heures après ma visite.

Demarchelier, maison Frasez, au Fontenoy. Sa fille eut une forte cholérine.

Cité du Coq français, 28. Mari guéri d'une forte cholérine.

Cité du Coq français, 25. Mari guéri d'une cholérine.

Basty, rue de la Longue-Chemise, 3. Choléra guéri.

Desobrie, chez M. Delaplace à l'Alouette. Cholérine guérie.

25 guérisons fournies par mon relevé remis à M. le Commissaire sur sa demande.

*** Décès fournis sur ledit relevé.

Monsieur le Maire,

J'ai l'honneur de vous adresser le relevé des affections
varioliques que j'ai traitéés depuis le commencement de
cette année jusqu'à ce jour.

Les noms et adresses se trouvent à chaque cas et
parfois l'adresse seule avec une note succinte, mais suffisante pour reconnaître l'importance du cas.

La mort dans les cas les plus graves n'a eu lieu que
huit fois sur quatre-vingt-trois cas d'adultes et avec des
circonstances telles qu'il est permis de rassurer complètement le malade et sa famille sur l'issue de la variole.

Pour les enfants les cas de variole et de varioloïdes que
j'ai comptés ensemble sont au nombre de quarante-cinq
sur lesquels il y eût dix morts.

Le total général de toutes les pages de mon mémoire
étant de cent quatre-vingt-cinq,

J'ai donc traité cinquante-sept cas qui s'annonçaient
d'une façon aussi inquiétante pour le malade et sa famille
que dans les cas où l'éruption était forte et qui se termi-
naient par une varioloïde et même par l'absence de
pustules ce qui permet de dire que le principe de la
maladie est combattu en même temps que les effets par
la Médication Raspail, c'est pourquoi j'ai noté dans mon
mémoire les cas où l'éruption n'eût pas lieu, l'épidémie
régnante et le voisinage m'y forçaient aussi ou je devais
les noter comme affections typhoïdes guéries en quatre
ou cinq jours ce qui, pour le dire en passant, est la règle en
prenant la maladie au début.

La durée totale de la variole est rarement de plus de
quinze jours et la convalescence souvent courte, nos
malades étant alimentés pendant toute la durée de la

maladie ; les clous et furoncles qui se montrent souvent après la guérison peuvent seuls causer du retard.

Une chose précieuse à noter c'est que notre traitement supprime les stigmates indélébiles de cette affreuse maladie ; je n'ai que quelques personnes un peu marquées mais non défigurées, et j'ai reçu à ce sujet les plus vifs remerciments des personnes du sexe féminin surtout que j'ai traitées.

Avant cette année j'ai soigné pendant quinze ans de nombreux cas de variole et j'ai toujours observé ce que je fais remarquer par ce mémoire et n'ai perdu qu'une adulte et un enfant.

Ce qui double le prix de notre médication c'est qu'elle s'applique sur le galetas du pauvre, aux plus jeunes enfants et à très-peu de frais. Je ne pense pas pouvoir compter dix bons de médicaments à 41 centimes pour chaque cas grave traité par le Bureau de Bienfaisance, et il y en a beaucoup dans ce mémoire, c'est deux journées d'hôpital.

Parlerai-je maintenant de la contagion ? C'est un devoir, car les idées que l'on répand font souvent bien du mal chez les pauvres gens qu'on laisse souffrir seuls, eux qui ont tant besoin de leurs voisins ! Eh bien ! dans les cent-trente-sept articles de ce mémoire il y eût sans doute au moins autant de personnes pour soigner et je ne me rappelle d'aucune qui ait été bien attaquée, je n'en connais que trois ou quatre qui ont été un peu malades. Je dirai de plus que les cas multiples dans les familles ont été seulement de 48 il est vrai que je les engage à suivre un peu le régime des malades ce que je fais moi-même et avec cela je dormirais dans une chambre de varioleux. Par exemple je ne permettrais pas que l'on mit du chlorure de chaux qui me suffoque et que je fais enlever chaque fois que je le rencontre.

Espérant que la calamité qui a frappé cette annnée notre population sera étudiée et pourra être ainsi utile dans l'avenir à notre pauvre humanité,

Je vous présente, Monsieur le Maire, l'assurance de ma parfaite considération.

H. Castel.

Le 20 Mai 1871.

Varioles traitées depuis le 1ᵉʳ Janvier jusqu'au 20 Mai 1871.

1. Henri BAISÉ, cour Cavrois. — Sa femme était enceinte de sept mois, fut bien guérie d'une variole très-grave. Accoucha à terme.

2. Ve LECOMTE, rue du Haut-Fontenoy, 35. — Son fils âgé de 20 ans fut bien guéri et ne porte aucune marque; il eut une variole très-grave, la maladie s'annonça aussi chez deux autres enfants d'une façon à faire craindre une issue funeste, ils n'eurent qu'une varioloïde.

3. Auguste DENIS, cour Denis. — Variole grave, fut promptement guéri et ne porte aucune marque. Sa femme fut un peu moins atteinte et se guérit vite aussi malgré l'affreuse misère de la maison.

4. Victor HOFFMANN. — Eut la variole de la plus grande gravité, son délire dura onze jours. Cinq semaines après le début de sa maladie il allait à la campagne achever sa convalescence. Il est à peu près le seul de nos malades qui sera un peu marqué. Sa bonne qui le soigna eut les symptômes de la maladie moins les pustules et fut guérie en cinq jours.

5. PLAYOUST, nég. à Lille. — Eut son fils atteint des symptômes prodromiques les plus graves de la maladie plus une simple varioloïde. Par admiration de notre méthode M. Playoust père fournit aux blessés de 1871 une ambulance de douze lits qui fut renouvelée trois fois en moins de deux mois. M. Playoust reçut une médaille en récompense de son dévouement.

6. TRUFFAUT. — Je fus appelé de suite pour le fils qui avait les symptômes les plus graves et dont la matadie avorta comme ci-haut, ce ne fut qu'une varioloïde.

7. DELAFF, rue et cour du Nouveau-Monde, 15. — Femme très-atteinte, figure couverte de pustules, fut guérie très-vite et ne porte aucune marque. Variole confluente chez un enfant de trois ans fut guéri aussi.

8. H. BOCHE, rue d'Arcole, 9. — Femme avait la Variole confluente avec complications graves fut bien guérie et ne porta aucune marque.

9. Auguste DÉLAI, cour Leruste, rue de la Gaîté près la rue de la Guinguette. — La Femme avait une variole confluente avec complications graves elle fut bien guérie et ne porta aucune marque. Son enfant était très-faible, fut condamné de suite et mourut.

10. La maison voisine. — Le mari fut gravement malade avec tous les symptômes de la variole, fut guéri en trois ou quatre jours.

11. DEVALLEE, rue d'Arcole, 19. Deux jeunes gens eurent les symptômes de la maladie, mais ce ne fut qu'une varioloïde.

12. Charles DUTHOIT, cour St-Pierre, rue du Fort. — Eut une variole

confluente très-grave avec complications, fut bien guéri en quatre semaines et ne porta aucune marque. La convalescence fut longue.

13. Paul WEIMANN, cour Toulemonde, rue St-Joseph. — Eut une variole confluente très-grave avec complications, fut bien guéri. Il alla travailler trois semaines après le début de sa maladie.

14. Edouard DELOBEL, rue du Fontenoy, 118. — Symptômes graves avec peu de pustules, guérison prompte.

15. BOULANGER, à Valenciennes. — Lieutenant d'artillerie Mobilisé, traité à Lille, puis à Valenciennes, fut bien guéri d'une variole confluente et ne porta aucune marque.

16. BOULANGER, à Valenciennes. — La mère avait une variole hémorrhagique avec pustules noires, suintement de sang par l'épiderme et Mitrorrhagie que je ne sus point arrêter, elle mourut en quelques jours.

17. Mme CLASE, rue de l'Abattoir, 18. — Femme obèse, du poids de 130 kil. eut une variole grave et forte angine, rien ne pouvait passer, fut guérie aussi. Je ne parlerai plus de marques, car s'il y a marques; elles ne sont pas définitives. Toutes les voisines la condamnaient à cause de sa force.

18. Gaudron, cité St-Maurice, à Lille. — Une demoiselle de 22 ans, eut une variole confluente très-grave, fut guérie.

19. Goudron, la petite sœur. — Eut des symptômes graves mais la maladie avorta complètement.

20. PROUVOST, rue du Fontenoy, fort Wattel 41. — L'enfant avait la varioloïde, fut vite guéri.

21. La servante Grouillon, rue Pauvrée. — Eut les symptômes graves et la maladie avorta.

22. Carlos LEROUGE, gendre, B. Cheval. — Variole grave, fut bien guéri et vite.

23. PARENT fils, mobilisé. — Eut une variole hémorrhagique avec pustules noirâtres, larges ecchymoses sous la peau, faiblesse du pouls remarquable et dypsme très-forte, mourut au bout de trois jours.

24. Mlle PARENT. — Symptômes graves de la variole, mais n'eut qu'une varioloïde.

25. Cité St-François, 31, fort Frasez. — Variole confluente, à la mère nouvellement accouchée, fut vite guérie. Son enfant nouveau né, eut la maladie, dont il mourut ; Il ne profitait pas de sa mère.

26. STUYVERT, à Valenciennes. — Dame âgée de 55 ans avait la variole confluente, fut guérie promptement.

27. BAUVENS, rue de la Barbe d'or, cour Carpentier. — Je fus appelé la nuit et crus à la folie tant le cerveau était attaqué.

28. Désiré BRIFFAUT, cour   d'or, rue de la Promenade. — Enfant de huit mois, gravement atteint, fut guérie et ne porta aucune marque.

29. YECAUTE, au Cul-de-Four, cour Ve Deleporte. — Un enfant de 11 ans était atteint d'une variole confluente, fut bien guéri.

L'on en a mis trois à l'hôpital, deux y sont mort et l'autre était trop jeune pour être gardé j'allais le traiter chez lui où il mourut, il était âgé de huit mois.

Je fus appelé pour la femme frappée par le purpura et j'arrivai juste pour prévenir le danger. elle mourut dans la journée.

30. CRÉPEL, ou Cul-de-Four. — Eut des symptômes assez forts et une varioloïde de quelques jours.

31. Mme Paul WIDEMANN, Longue-Chemise, 29. — Variole confluente, elle allait très-bien, je la voyais presque au retour lorsqu'elle eut une syncope très-forte et mourut très-vite.

32. Cour Filpo, 21. — Variole, promptement guérie.

33. Léonard JOUCHINE. — Variole, promptement guérie.

34. Au Cul-de-Four, cour Deleporte, 6. — Variole, promptement guérie.

35. Ve BAYEUX, fort Bayart, 15. — J'en ai guéri trois dans cette maison qui furent atteints et cela fit sensation.

36. MEILLASSOUX, mobilisé, rue St-Jean, 136. — Revenu avec la face violacé, qui me fit craindre une décomposition du sang. Je le traitai comme la peste et le caractère changea en variole franche dont il se guérit vite.

37. DESOBRIE, rue de l'Espérance, cour Mahieu. — Varioloïde, mais symptômes de début graves, fut vite guérie.

38. SALEMBIER, marchand de charbons, sentier et jardin de M. Paquet, au Nouveau Monde. — Eut une variole grave. Appelé après d'autres médecins, je vis la différence de traitement, fut vite guéri.

39. LECLERCQ, lithographe à Lille. — Eut les symptômes de début très-graves et variole confluente, fut vite guéri.

40. MALFAIT, cour Defontaine, rue St-Antoine. — Variole assez forte, fut vite guéri.

41. HACOUR, rue St-Honoré, 15. — Variole confluente, vite guérie.

42. LEFEBVRE, rue de Tourcoing, 31. — Variole assez forte, vite guérie.

43. Un garçon de 15 ans en fut menacé, la maladie avorta.

44. Rue de Flandre, 68. — Femme avec petits enfants, fut soignée par un voisin et guérie aussi d'une variole confluente.

45. A. DEBOISNE, rue des Champs. — Rentré chez lui pour une variole qui allait mieux, reconnut aussi le bienfait de notre traitement.

46. DEVEUR, cour St-Eugène, au Pile. — Variole grave, vite guéri.

47. V. BRONE, route de Lannoy. — Variole grave, vite guéri.

48. Cour Wanin, au Pile. — Traitement de trois personnes pour une variole grave, elles furent guéries.

49. H. MARET, cour Olivier, rue du Fresnoy. — Un enfant de quatre mois fut traité pour une variole grave, se guérit. Quelques enfants eurent les symptômes et furent préservés.

50. BOE, fort Masurel. — Symptômes de la variole, la maladie avorta.

51. Ve VANDAME, fermière, au Hutin. — Elle venait de perdre son mari de la variole, me fit appeler étant bien malade, eut une variole assez forte.

52. Gervais VOEDTS, rue St-Honoré, 10. — Cet homme était content de son état, une variole discrète avait remplacé les symptômes de début de la maladie. A ma grande surprise, je le vis mourant le lendemain. Le délire avait été si fort que l'on n'avait plus pu le traiter ni le retenir chez lui.

53. DÉSIRÉ, rue Chapelle-Carette, 85. — Sa femme eut une variole confluente et fut vite guérie.

54. Ed. CRAYE, tailleur, rue St-Laurent, 5. — Variole confluente chez une fille qui fut vite guérie; une deuxième fut atteinte très-fortement aussi; puis le père et le fils aîné; quatre autres enfants eurent la varioloïde et la mère des douleurs d'estomac très-fortes.

Je n'ai pas dépensé 30 francs à l'Administration pour guérir ces 9 malades, cette Administration se plaignait encore, et ne donnait que très-peu de secours.

55. BOURGEOIS aîné, à Lille. — Me fit appeler pour une varioloïde qui s'annonçait d'une façon à effrayer, fut vite guéri.

56. Ve DELBAR, chemin des Couteaux. — Sa fille aînée fut bien souffrante et n'eut qu'une varioloïde, promptement guérie

57. Emile GROUILLON. — Céphalalgie et douleurs lombaires affreuses, fut guéri en quatre ou cinq jours. J'y allai quatre et cinq fois par jour tant la famille était dans les craintes.

58. Marie GROUILLON. — Eut les symptômes de début de la variole mais pas de pustules, fut vite guérie.

LAYA, rue du Fontonoy, cour Stalens, 12. — Eut les symptômes de début de la variole, elle fut légère et vite guérie.

58. PLUQUET, au Moulin de Roubaix, cour Wattinne. — J'allai chez lui voir un enfant mourant du croupe et de la variole; j'en ai guéri deux qui furent très-atteints et traité aussi un autre, mais celui-là est mort.

59. DECOTTIGNIES, sentier de Ma Compagne, 22. — Varioloïde promptement guérie qui eut des prodromes assez forts.

60. DELESCLUSE, cour Cliquet, 5. — Variole grave chez un enfant de 5 ans environ, fut bien guéri et ne porta aucune marque.

61. HALS, rue d'Arcole, 13, cour St-Léon. — Variole très-forte chez un enfant de 5 à 6 ans, fut bien guéri et ne porta aucune marque. Un autre enfant plus jeune, fut aussi très attaqué, mais celui-là mourut.

62. Cour Leclercq, au Moulin de Roubaix. — J'ai traité plusieurs enfants dans cette maison; ils ont été bien guéris.

63. ROLY, barbier, près Lamarotte. — Variole grave avec forte angine lorsqu'il m'appela, L'application de l'eau sédative à la gorge fit dire de suite qu'il était sauvé et il le fût.

64. MASUREL, au Haut-Fontenoy. — Cephalalgie, douleurs lombaires inappétence, fièvre, n'ont donné lieu qu'à une varioloïde, guérie en trois ou quatre jours, c'est ce qui est arrivé chez un grand nombre.

65. Rue Basse-Mazure. — Variole grave, promptement guérie et ne porte aucune marque.

66. CATTEAU, cour Vandame. — Jeune fille qui eut deux fois des symptômes graves de la variole mais qui furent arrêtés les deux fois.

67. Cour Stalens, Haut-Fontenoy, 1. — Variole chez un garçon de 7 à 8 ans, fut bien guéri rien qu'avec le service de quelques voisins.

68. Cour Stalens, 4. — Enfant très-diffile à soigner ; il eut une variole confluente dont il mourut. Nous avions eu l'espoir de le sauver.

69. Cour Stalens, 11. — Deux enfants furent guéris d'une variole très-forte.

70. DESTOPPE-PLOUVIER, à Wattrelos. — Cet homme avait une variole confluente, son beau-frère insista pour qu'il me fit appeler ; il fut guéri en très-peu de temps, à peine quinze jours et ne porta aucunes marques.

71. ROUSSEAU, rue du Fontenoy. — Variole confluente, fut bien guéri. Un enfant en fut atteint et en mourut.

72. VANDEPUTTE, rue de la Paix. — Sa dame avait soigné son voisin qui en était mort, elle eut les symptômes graves de la maladie et fut complètement sur pied en cinq ou six jours.

73. MEERE, Neuve du Fontenoy, 166. — Variole confluente, fut bien guéri en moins de quinze jours.

74. FAVOREL, rue du Fontenoy. — Varioloïde guérie en quatre à cinq jours, ayant donné lieu aux symptômes de la variole.

75. LAPAILLE, cour Lagache, Basse-Mazure. — Variole promptement guérie.

76. MAES, cour Lagache, Basse-Mazure, 6. — Variole vite guérie chez un enfant de 4 à 5 ans.

77. LAGACHE, rue St-Laurent. 47.— Variole discrète, promptement guérie.

78. TIBERGHIEN, agent de police, cour Vandame. — Variole discrète, promptement guérie.

79. SEIZE-LECLERCQ. — Variole chez une fille de 6 à 7 ans, promptement guérie.

80. Mlle LECLERCQ. — Tante de cette petite fille qui l'a soignée est morte après trois ou quatre jours de maladie. Je crois qu'elle est morte d'une affection de gorge ancienne.

81. TASSART, cour Debouvrie, rue du Temple. Variole assez forte qui fut vite guérie.

82. Fort Wattel, 2, au Fontenoy. — Varioloïde, ayant donné lieu aux symptômes de la variole.

83. MARIE, près l'Abattoir. — C'était une jeune fille très-forte qui était administrée lorsque je la vis pour la première fois, elle mourut du purpura après m'avoir donné de l'espoir, mais ses hémorrhagies internes me firent désespoir de la sauver.

84. H. CAUDRELIER, cabaretier à Ste-Barbe. — Symptômes de la variole, n'eut que quelques pustules, prompte guérison.

85. CASTEL, mécanicien, Grande Rue, près le Calvaire. — Variole assez forte chez un enfant de 3 à 4 ans, fut vite guéri.

86. DEMARCY, cour Lagache, Basse Mazure. — Sa femme eut une variole assez forte et se guérit vite à l'aide des voisins. Demarcy donnait des soins plus complets en rentrant de son travail.

87. Rue Basse-Mazure, 24. — Jeune fille flamande dont j'avais peine à me faire comprendre, fut aussi guérie d'une variole très-forte.

88. Louis DELEBECQUE, cour St-Léon, 2, rue d'Arcole. — Enfant de 4 à 5 ans, guéri d'une variole très-forte.

89. SCULBUTE, cour Vandame, 10. — Il mourut un jeune homme d'une vingtaine d'années de la variole hémorrhaque;

Un jeune homme de 17 ans, eut une variole confluente dont il se guérit;

Deux autres enfants eurent des symptômes graves avec varioloïde;

Les deux plus jeunes, l'un de 4 ans et l'autre de 2 ans, se ressentirent aussi de la maladie. (1 mort sur 6 cas).

90. TURPIN, rue du Cul de Four. — Variole confluente chez le père et la fille. prompte guérison.

91. OLIVIER, rue du Coq Français. — Symptômes de début de la variole, eut une varioloïde et fut guéri en cinq ou six jours.

92. Marie LEFEBVRE, rue du Temple, 87. — Symptômes de début de la variole. eut une varioloïde et fut guérie en cinq ou six jours.

93. P. DELBAR, Chemin des Couteaux. — Variole très-forte chez deux enfants de 3 et 5 ans, prompte guérison.

94 DELANNOY, rue Chapelle Carette, 8. — Symptômes très-prononcés qui n'ont produit qu'une varioloïde, fut guéri en cinq ou six jours.

95. WELCOMME, suisse à la paroisse St-Martin. — Symptômes très-prononcés chez une jeune fille de 14 ans, qui n'ont produit qu'une varioloïde, guérie en 5 ou 6 jours.

96. DELESCLUSE, cour Baost, Grande-rue. — Symptômes de la variole et varioloïde.

97. MEILLASSOUX, rue Saint-Jean, 140. — Bras très-enflammé avec pustules d'un mauvais caractère et douleurs sous l'aisselle à la suite d'une revaccination, chez une demoiselle de 18 ans.

98. MONTIER, cabaretier, rue Notre-Dame, 11. — Symptômes de la variole chez la dame et sa sœur, n'ayant produit aucunes pustules.

99. LIAGRE-CLARISSE, rue Neuve du Fontenoy. — Variole confluente chez un enfant de 12 ans.

100. Henri DERBIER, cour Zenaïs. — Symptômes de la variole, n'eut point de pustules et ne fut tenu que quatre à cinq jours.

101 DELCROIX, rue du Haut Fontenoy, 38. — Symptômes de la variole, n'eut que la varioloïde guérie en cinq à six jours.

102. Jean HENNEUZE, place Notre-Dame. — Symptômes de la variole, n'eut que la varioloïde guérie en cinq à six jours.

103. Floris FRANCHOMME, rue. — Variole confluente bien guérie en peu de temps.

104. Julie SERGENT. — Symptômes de la variole mais varioloïde.

105. CASTELAIN, rue Traversière. — Je fus appelé par la voix publique la veille de sa mort, lorsqu'il avait été administré et après dix jours de maladie. Je dus le traiter. Je dis cri public, puisque sept à huit personnes engagèrent la famille à m'appeler en citant nos grandes guérisons.

106. François CRAYE, rue de France. — Variole confluente. Il est âgé de 55 ans.

107. Rue Neuve du Fontenoy, 160. — J'ai soigné un jeune enfant d'une variole confluente, il en est mort.

108. Rue Longue-Chemise, en face du n. 37. — Cette femme qui était dans la plus grande misère et qui ne voulut pas entrer à l'hôpital, fut guérie d'une variole confluente.

109. Frédéric ALLARD, rue de Mouveaux, 107. — Il perdit une fille de 13 ans et une de 10, de variole confluente. Il me fit ensuite appeler, ou plutôt avant que la deuxième ne fut morte, pour un fils de 15 ans que je crois guéri d'une variole confluente. Le père qui a bien 55 ans en est aussi atteint et est en bonne voie de guérison.

110. BROUCHETE, épicier, rue du Moulin de Roubaix. — Symptômes de la variole mais simple varioloïde.

111. Cour à clous, 3. — Symptômes de la variole, simple varioloïde.

112. HEYSSELINCK, fondeur, rue Solférino. — Variole confluente promptement guérie.

113. Marchand de légumes, rue Impériale. — Symptômes de la variole mais simple varioloïde.

114. VANO-FRANCHOMME, fort Wille, 14. — Variole chez sa femme enceinte de sept mois, elle accoucha et va parfaitement bien. Elle s'était très-émotionnée en voyant mourir deux voisines par suite de couches, elle répétait toujours qu'il en serait de même pour elle. Je lui dis, et c'est vrai, que je n'ai jamais perdu

une femme en couche. Notre traitement empêche fièvre, inflammation et hémorrhagie.

115. Achille FRANCHOMME, fort Wille, 14. — Eut aussi les symptômes de la variole et n'eut qu'une varioloïde.

116. Rue Blanchemaille, 68. — Jeune enfant avec une forte varioloïde, bien guérie.

117. Pierre VERBRUICK, au Hutin. — Variole confluente chez un jeune homme qui en est bien guéri. Deux garçons l'un de 10 et l'autre de 13 ans sont atteints des symptômes de la variole, vont bien.

118. Cité Saint-François, fort Frasez, 8 et 9. — Ces deux femmes ont eu les symptômes de la variole et n'ont eu qu'une varioloïde ayant duré cinq à six jours.

119. CONTHIER, rue de la Promenade, 32. — Variole chez une demoiselle et varioloïde chez une autre après avoir beaucoup souffert toutes deux.

120. VANDECRUSE, fort Wille, 15. — Variole chez une demoiselle qui fut promptement guérie.

121. BORGRAVE, rue des Récollets. — Variole chez une demoiselle qui fut promptement guérie. Un fils commence maintenant sans que je puisse en parler ici.

122. LEVEUGLE, cour Guillaume Lefebvre, rue de la Paix, 25. — Cette femme me fit appeler après sa guérison, elle se sentait, me disait-elle, aussi mal que pendant sa maladie. Cinq à six jours de notre traitement ont suffi pour la rétablir.

123. LAUMON, rue Longue-Chemise, 21. — Variole confluente bien guérie.

124. Frédéric VANDALLE, rue Basse-Masure, 30. — Variole confluente chez un enfant, il s'en guérit très-bien.

125. DELANNOY, maison Toulemonde, rue Saint-Joseph, 16. — Variole confluente chez une jeune fille de 13 ans. En bonne voie. La maladie fut très-grave.

126. Rue de la Gaîté, à côté de la cour Fauvarque. — Variole chez une jeune fille, bien guérie.

127. CRESPEL, cour Vandame, 3. — Femme de 55 ans, eut les symptômes de la variole et eut une varioloïde guérie en moins de huit jours.

128. Mme VANDEPEUTE, rue d'Arcole, 17. — J'ai commencé à la soigner chez elle, plus tard on la mit à l'hôpital. Elle avait une forte variole.

129. BERNIER-JEANSSENS, cour Lefebvre-Pau, 11. — Forte variole qui est en très-bonne voie.

130 GLORIEUX, cour Vegin, 6, rue du Fort. — Forte variole chez un jeune enfant, bien guéri.

131. CRAYE, rue de Lille. — Forte variole, étant enceinte. Va très-bien et la grossesse continue.

132. FOURNIER-SEYNAVE, rue Chapelle-Carette, 4. — Variole qui tardait à se montrer. Presque guérie.

133. MELLEVILLE, rue de l'Epeule, 14. — Variole en bonne voie de guérison.

134. WILLEMS, cordonnier, Grande-Rue, 135. -– Variole confluente en bonne voie de guérison. Il avait un délire très-fort.

135. HENNEUZE. — Jeune homme de 15 ans avec varioloïde.

136. Henri SERRURE. — Sa femme a une variole confluente qui paraît bien aller.

137. Pierre VERBREUCK. — Deux enfants.

LETTRE A M. RASPAIL

*Sur les cas de Variole qui ont nécessité un second envoi
en date du 7 août 1871*

Mon Très-Cher Maître,

J'ai été très-heureux d'apprendre que mes notes sur
la variole vous avaient fait beaucoup de plaisir et que
vous alliez en tirer parti pour le Manuel de 1872. Je les
ai donc complétées jusqu'à ce jour et j'espère ne plus en
avoir à ajouter, la maladie paraissant être tout à fait à
son déclin.

Le relevé d'aujourd'hui donne une mortalité plus
grande que celui que vous avez reçu; j'ai eu des cas
effrayants de gravité à traiter qui ne furent guéris qu'à
force de soins et par l'excellence des garde-malades, et
vous savez qu'on ne les trouve pas dans toutes maisons.
Puis pour ces cas désespérés il faut compter avec la misère,
et avec la difficulté que l'on a avec certains enfants pour
les médicamenter, il y a quatre ou cinq morts à qui ces
dernières lignes sont applicables, ce sont : les numéros
4, 12, 40, 53 et 56. Ce dernier numéro fut traité par
un autre médecin pendant trois jours, avec la quinine !

Le numéro 53 était dans la misère, il y eut surprise
pour moi lors de sa mort. Les soins ont dû être insuffi-
sants.

Quoi qu'il en soit, il y eut treize morts, dont huit enfants, dans ce relevé, sur soixante-dix malades, y compris les enfants et dix-sept guérisons de cas de la plus grande gravité ; il y avait souvent lutte à mort, il fallait combattre la méningite donnant un délire effrayant, l'angine empêchant la déglutition et rendant les malades aphones, la bronchite qui aurait amené la tuberculisation, l'entérite retenant les selles et l'urine.

Chez deux personnes plus âgées, des pustules ne suivant pas la marche de la variole mais présentant un caractère noirâtre. Aussi que de fois je me suis senti heureux d'avoir un arsenal de moyens aussi complet que le vôtre à opposer à une aussi terrible ou plutôt un ensemble de maladies, et je me demande comment les médecins ordinaires peuvent encore guérir un de leurs malades ; mais non ils n'en guériraient pas un seul de ceux ainsi atteints, il suffit pour s'en convaincre de lire leurs traitements dans les livres de l'Ecole. Ils ne savent que faire, il y a même un médecin de notre hôpital qui, surenchérissant sur l'emplâtre de Vigo, eût l'idée de cautériser les pustules avec le bi-chlorure de mercure, pour éviter les marques. Aussi je préfère aller traiter sur la paille et à mes frais que d'envoyer à l'hôpital où il fait une propreté à ravir mais où le traitement manque complétement. Les remerciements des malades guéris me disent que j'ai raison.

C'est après avoir vu d'aussi grands services rendus que le Bureau de Bienfaisance m'a retiré la section générale pour ne me laisser que ma section particulière qui est d'un septième.

Ce fut une grande douleur pour les pauvres qui étaient si heureux de pouvoir venir à moi, de se voir tout à coup privés de la méthode en laquelle ils avaient pleine confiance.

Veuillez, mon très-cher Maître, présenter mes respects à votre estimable famille et recevoir l'hommage de ma profonde vénération.

Votre affectionné disciple,
H. CASTEL.

Roubaix, 7 août 1871.

Suite des affections varioliques arrêtées le 22 Mai 1871 et reprises jusqu'au 7 Août 1871.

---

1. Veuve MILLEVILLE, rue de l'Alouette, 14. (V. N.) — Variole confluente chez un enfant de 14 ans, terminée en quinze jours. Il eût la céphalalgie, l'angine et la bronchite à un degré très-élevé. La mère eut la rougeole et tint le lit deux jours.

2. Frédéric ALLARD. (V. N.) — Variole confluente avec toutes ses complications, d'une fille de 7 ans ayant quitté la maison, bien guérie chez elle.

3. Pierre VERBREUCK, au Hutin. — Garçon de 22 ans qui eût une variole confluente avec son effrayant cortège ; dut aller à l'hôpital pour avoir plus de nourriture et guérir ses clous.

4. VANECK, cour Mullier, 5. — Variole confluente chez un jeune enfant, dont il mourut.

5. JACYX, place Notre-Dame. — Variole chez un jeune employé, à deux reprises ; chez la servante et le patron, tous en furent quittes au bout de deux jours, la frayeur était grande dans la maison.

6. DELANNOY, rue Saint-Joseph, 18. — Variole très-grave avec tout son triste cortège, elle fut (petite de sept à huit ans) bien guérie en trois semaines. J'ai soigné en même temps deux varioles très-graves et un rhumatisme aigu. Indigence complète.

7. DEGRAVE, au Cul-de-Four, maison Denis. — Trois enfants furent guéris de variole grave, y compris un enfant d'un an frappé plus encore que les autres. Indigence complète.

8. LAFENEUR, cour Lepoutre, rue du Nouveau-Monde. — Varioloïde avec les symptômes de la variole qui fut guérie en huit à dix jours.

9. Cour Mullier-Rousseau, 6. — Jeune fille que l'on voulait mettre à l'hôpital à cause des symptômes de la variole, je la fis rester chez elle et avec deux jours de soins elle fut quitte de sa maladie.

10. A. DENIS, cour du Gaz, 18. (V. N.) — Enfant d'un an très-atteint qui se guérit très-bien à mon grand étonnement. J'ai guéri trois personnes très-atteintes et dans la plus grande misère.

11. GEROLFUS-SPEL, rue Basse-Masure. — Variole confluente assez grave et varioloïde chez son enfant.

12. Rue de la Gaîté, cour Leruste, 2. — Variole très-grave chez un enfant, en mourut.

13. Veuve JACQUART, rue de l'Alouette. — Variole confluente chez un garçon de 17 ans, guérie en quinze jours. Varioloïde chez un autre avec symptômes de la variole.

14. Joseph VERVENNE, cabaretier, rue de l'Empereur. — Variole confluente avec forte angine et forte ophthalmie, guérison en trois semaines.

15. PARSY, cour Losier, sentier du Ballon. — Femme qui accoucha à huit mois après quatre jours de variole, peu avant sa mort qui était pressentie depuis trois jours. Il y avait atonie du système nerveux car il y eut aussi alors un commencement de râle qui n'annonçait rien de bon.

16. Domestique WERQUIN-WATTEL, rue de Lannoy. — Variole confluente avec tous ses accidents, bien guérie, termina sa convalescence à l'hôpital.

17. MORLIGHEM, cour Saint-François. — Variole assez forte bien guérie. Dans la plus grande misère.

18. Ch. DUTHOIT, cour Lagache, 1. — Varioloïde avec symptômes de la variole, guérison prompte.

19. Jean-Baptiste DELAMALADRIE, chemin de l'Ommelet. — Variole confluente présentant une coloration noirâtre, l'angine et le délire furent extrêmes. Guérison en trois semaines malgré ses 67 ans.

20. VASSEUR, cour Billet, rue de Wattrelos. — Variole grave chez une jeune fille et chez le frère, il n'y eut que peu de pustules mais il y eut de forts vomissements de sang. Furent rétablis en quinze jours.

21. CHARLIER, fort Wattel, 42, au Fontenoy. — Je le croyais guéri d'une varioloïde, on me fit appeler et le trouvai en pleine agonie. Je fus très-impressionné de cette mort car la veille je le croyais sauvé.

22. LUBREY, rue Saint-Jean, 6. — Varioloïde promptement guérie.

23. VARELS, rue Saint-Laurent, 65. — Variole très-grave avec forte angine, délire, etc. Fut bien guéri. Il acheva sa convalescence à l'hôpital parce que sa femme l'eût aussi et dut y entrer.

24. BOUSSEMART, au Raverdi. — Variole confluente, prompte guérison.

25. Pierre RAMON, cour Delobel, rue de la Redoute. — Forte varioloïde qui fut vite guérie.

26. BRIATTE, cabaretier, Blanc-Seau. — Variole confluente chez une fille de 13 ans vite guérie.

27. FONTAINE, cour Duthoit, au Cul-de-Four. — Variole assez forte promptement guérie.

28. Sa voisine. — Femme enceinte et très-malade, eut quelques pustules et se rétablit promptement (elle était condamnée).

29. ROUSSEL, au Pile, cour Bonte. — Variole confluente chez un enfant de 8 à 9 ans, dont il se rétablit complétement (il eut tous les accidents).

30. LA BASSÉE, son voisin. — Eut un enfant de 4 ans atteint comme le précédent, mais il en est mort.

31. Cour Lagache, 4, rue Basse-Masure. — Varioloïde assez forte bien rétabli en peu de temps.

32. LAUWER, boucher, rue de Tourcoing. — Variole confluente avec angine, délire furieux, etc., etc. Le bruit de sa mort circulait en ville. Je devais passer beaucoup de temps chez lui la nuit et le jour, l'on regarde cela comme une résurrection.

33. Maison Grenier, à côté de la ferme Salembier. — Le nommé MASQUE-LIER eut une varioloïde avec les symptômes de la variole et fut guéri en cinq à six jours.

34. MAES, cour Lagache, rue Basse-Masure, 6. — Symptômes de la variole chez un enfant de 5 à 6 ans.

35. Fort Wattel, 2, au Fontenoy. — Symptômes de la variole chez une jeune femme.

36. H. ROUSSEAU, rue de la Longue-Chemise. — Variole confluente chez un enfant de 2 ans, en mourut.

37. Pierre LECLERCQ, cour Lebrun, sentier du Ballon. — Trois enfants de 3 à 5 ans avec variole confluente, bien guéris en huit à dix jours.

38. POLERMAN, cordonnier, rue de la Longue-Chemise. — Enfant de 3 ans guéri d'une variole confluente et du croup.

39. VERON, cabaretier, rue de l'Alouette. — Enfant de quelques années bien guéri d'une variole confluente.

40. Rue Neuve du Fontenoy. — Variole confluente chez un enfant de quelques années, mourut alors que je le crus sauvé.

41. GRÉGOIRE, rue du Moulin de Roubaix. — Varioloïde assez grave guérie en quatre à cinq jours.

42. HELVOET, rue d'Alma. — Varioloïde assez grave guérie en quatre à cinq jours.

43. Mlle DUFOREST, à Wattrelos. — Varioloïde assez grave guérie en quatre à cinq jours.

44. BOE, cour Masurel, 11. — Varioloïde assez grave guérie en quatre à cinq jours.

45. Cour Loridan, rue de Wattrelos, 8. — Varioloïde chez un enfant avec symptômes graves. Mort en cinq à six jours.

46. Même cour, 12. — Varioloïde avec symptômes graves chez une jeune femme guérie en cinq à six jours.

47. Même cour, 14. — Même cas chez un jeune homme, guéri en cinq à six jours.

48. SISCA, au Hutin. — Variole confluente avec son triste cortége chez une jeune fille de 10 ans, bien guérie en quinze jours à trois semaines.

49. JONVILLE, rue Chapelle-Carette, 71. — Même cas chez une jeune fille de 18 ans, guérie également.

50. Thomas DUPIRE, rue Traversière. — Purpura hemorrhagica dont il mourut. Son corps présenta d'énormes plaques rouges, de nombreuses taches noires et l'épiderme suintait du sang qui tachait ses draps et sa taie d'oreiller.

51. DERICQ, au Hutin. — Variole confluente complète, bien guérie.

52. NOCLAIN, rue du Fort. — Même cas.

53. DELFOSSE, couvreur, rue des Filatures. — Femme enceinte de huit mois, eut la variole dont elle mourut, elle s'accoucha peu de temps auparavant.

54. STEIGRIS, cour Duthoit, rue de Flandre. — Son enfant et celui de son enfant se guérirent vite et bien d'une variole confluente.

55. DANVERS, rue Jacquart, cour Léo. — Variole confluente chez son enfant, en mourut.

56. H. SIMPEL, rue de Wattrelos. — Variole confluente dont il mourut. Je le croyais sauvé à ma dernière visite et passai même un jour sans aller le voir, il était mort quand on est venu me redemander. Il lui est mort un enfant du purpura deux jours auparavant. Sa figure était très-gonflée avec des taches noires.

57. BUTTEAU, rue Chapelle-Carette. — Symptômes de la variole chez un garçon de 13 ans, n'eut qu'une varioloïde vite guérie.

58. BOUQUET, rue Neuve du Fontenoy. — Variole grave promptement guérie.

Roubaix, 4 août 1871.

H. CASTEL.

Pour terminer ce long travail voici mes chiffres placés en regard de ceux puisés aux sources officielles.

Le Choléra

Le rapport fait sur le choléra de 1866 par la Commission officielle nommée par M. le Préfet, présente pour la ville de Roubaix 5,127 cas et 2,483 décès. Mon relevé donne 607 cas et 93 décès, soit 15 1/2 p. 0/0.

En faisant la déduction, je trouve : 4,520 cas pour la Faculté et 2,393 décès, ce qui donne 52 1/2 p. 0/0 de mortalité, tandis que j'ai 15 1/2.

Différence 37 p. 0/0 ou 1,672 victimes que nous aurions arrachées à la mort si la Faculté voulait reconnaître les conquêtes de la science!

Une chose bien secondaire dans une calamité aussi grande, mais à laquelle il faut penser quand on administre les finances d'une ville, c'est la dépense de 270,000 fr. pour le fléau, sans compter les orphelins qu'il faut encore nourrir et les veuves qu'il faut encore aider.

J'ai dépensé à la ville 300 fr. pour mes aides et je note que deux médecins faisant partie du Conseil me les avaient refusés! Mes ordonnances, au nombre de 588, ont coûté la somme de 602 francs. Total : 902 fr.

De mon grand travail pour les pauvres de la Ville et pour faire mon relevé après ce triste moment où je pouvais à peine trouver un peu de repos pour réparer mes forces, il m'est revenu une

MÉDAILLE DE BRONZE!

et pas la plus petite mention pour le grand nom de Raspail!....

Pour M. F. V. Raspail qui a donné le traitement préventif et curatif du fléau !!!....

Continuation du même travail
pour la Variole

———

L'Administration supérieure n'a fourni aucun relevé sur la variole épidémique de 1871 qui a cependant exercé de bien cruels ravages dans notre pays et dans notre ville en particulier.

En prenant le rapport de M. le Maire sur les affaires Municipales de Roubaix, je vois que la population étant de 78,425 habitants,

La mortalité a été en 1871 de	2,818
Celle de l'année 1870 de ·	2.042
Mortalité plus grande	776
Il y a de porté pour malad. éruptives le chiffre de	469
En 1870 je vois celui de	106
Mortalité plus grande pour les fièvres éruptives	363

Mais j'ai constaté dans ma pratique un grand nombre de cas où l'éruption manquait et si la mort avait eu lieu on aurait donné à la maladie un autre nom que fièvre éruptive.

Toujours, après avoir pris les antidotes du choléra, j'observais chez nos malades une amélioration très-grande, donc toutes les maladies ont dû se ressentir de la constitution médicale de cette année calamiteuse, et c'est son influence qui nous a donné le chiffre de 776, quand celui pour les maladies éruptives n'a été que 363, soit

413 décès en plus. Quoiqu'il en soit le chiffre de la mortalité pour les enfants, de un jour à un an, a été de 874 en l'année 1871, les naissances ont été de 2,827, soit 31 0/0 sur les naissances de l'année.

Le chiffre des décès étant pour les enfants de
1 à 2 ans de. 407
Pour ceux de 2 à 5 ans. 229

Total . .   636

Soit 22 $^1/_2$ 0/0 de mortalité ajoutés à 31 0/0 pour la mortalité des enfants dans l'année, ce qui fait 53 $^1/_2$ 0/0 de mortalité pour les enfants de un jour à 5 cinq ans en l'année de 1871.

Voyons l'année de 1870 qui donne un chiffre ordinaire de mortalité, 1,000 décès pour les enfants de un jour à 5 ans et 3,318 naissances, soit 30 0/0 de décès sur les naissances de l'année. C'est un peu le choléra en permanence pour les enfants.

Toutes les Administrations qui voudront étudier cette grande question, bien plus importante encore que celle de la vaccine, rejetée pendant si longtemps par nos facultés plus omnipotentes que celles d'aujourd'hui, verront par mes seules observations que nous opposons un remède aux maladies de l'enfance, par le lait de la nourrice faisant profiter le nourrisson de tout le régime épicé et alliacé qu'elle suit; par la médication externe plus active encore que pour l'adulte, par une petite médication par le haut et par le bas, nullement perturbatrice, par les vermifuges préparés pour la plus tendre enfance, expérimentés encore dans une classe de huit à neuf enfants avec registre à l'appui; ils verront dis-je que l'on obtient des succès étonnants, non seulement dans la variole, mais dans toutes les maladies graves de l'enfance, témoins mon cahier d'observations.

Aussi les mères de famille attachées à notre système de médecine me disent souvent qu'autrefois elles tremblaient toujours pour leurs chers petits êtres et qu'aujourd'hui il leur faut des effets extraordinaires pour être encore effrayées, voyant presque toujours se dissiper les plus graves dangers en bien peu de temps.

Et c'est après avoir rendu de pareils services auxquels on n'aurait pas voulu croire, qu'on aurait traités de rêves, que l'on rebute les pauvres mieux avisés que les riches qui veulent se faire traiter par moi !

J'ai dit qu'il était mort 1,500 enfants en 1871 et 1,000 en 1870.

De plus 276 adultes qu'en 1870, et je regrette vivement de ne pas avoir des données comme dans le choléra pour les produire ici.

Quant à moi, dans mes deux relevés, j'ai 31 décès sur 255 cas, soit 12 0/0 pour les adultes et les enfants, en comprenant les varioles hémorrhagiques traitées souvent sur le grabat du pauvre.

Rapport fait au Conseil des hôpitaux sur la mortalité des amputations

Depuis le premier Janvier 1836 au premier Janvier 1841, il a été rendu compte au Conseil des hôpitaux de Paris, de 852 amputations de membres, 528 pour le membre inférieur et 324 pour le membre supérieur ; la mortalité a été de 332, ou environ 2 sur 5.

Voici le détail :

Amputations de cuisse, 201 ; il y a eu 126 morts ou 60 0/0 ;

Pour plaies, brûlures et fractures, il fut amputé 48 cuisses, il y eut 34 morts ou 75 0/0 ;

Pour affections chroniques, 153 amputations ; 92 morts ou 60 0/0.

« Ces chiffres qui nous donnent la mortalité absolue
» après les amputations de cuisses, nous démontrent en
» outre que les amputations pour cause traumatique sont
» beaucoup plus périlleuses que celles que l'on pratique
» pour des altérations dont la marche est chronique. Cette
» différence de gravité entre ces deux classes d'amputa-
» tions, paraît surtout chez les enfants, sur 24 amputations
» de 5 à 15 ans, 8 morts, 16 guérisons ; pour cause
» traumatique, 4 amputations, 4 morts. » (Voir Nélaton,
pathologie externe, tome 1er, page 237).

Réflexions

En lisant cet extrait d'un rapport qui a toujours cours dans la *Science,* avec quelle joie nos grands industriels à force motrice si puissante qu'elle ne s'arrête devant aucun obstacle et nos grandes Compagnies de chemin de fer où nous voyons encore tant de catastrophes aujourd'hui, ne doivent-elles pas accueillir notre communication au Conseil général et celle des faits reproduits dans ma lettre à un confrère en date du 11 Août 1860, page 63.

Je vais terminer toutes mes considérations en donnant
le résumé de la Société de Secours Mutuels de la page 32 :

Les tisserands ont payé pendant 4 ans avec la médecine
ordinaire, 44 fr. 30 c. ; moyenne par chaque année,
10 fr. 7 c. ou 6 jours 3/4 de maladie ;

Ils ont payé pendant deux années avec moi, 10 fr. 25 c. ;
moyenne, 5 fr. 12 c. ou 3 jours 1/3 de maladie ;

Economie par homme, 4 fr. 95 c.

Les fileurs ont payé pendant 3 ans avec la médecine
ordinaire, 32 fr. 50 c. ; moyenne, 10 fr. 83 c. ou 5 jours
1/2 de maladie;

Ils ont payé pendant 2 années avec moi, 18 fr. 50 c. ;
moyenne, 9 fr. 25 c. ou 4 jours 3/4 de maladie ;

Différence de 3/4 de jour, 1 fr. 58 c.

Les journaliers ont payé pendant 3 années avec la
médecine ordinaire, 44 fr. 40 c. ; moyenne, 14 fr. 80 c.
ou 7 jours 1/2 de maladie ;

Ils ont payé pendant 2 années avec moi, 13 fr. 70 c. ;
moyenne, 6 fr. 85 c. ou 3 jours 1/2 de maladie ;

Différence, 7 fr. 95 c.

Ma troisième année est près d'expirer et les renseignements que j'ai demandés sont encore plus avantageux
pour les sociétaires qu'aux précédentes années.

Ainsi chaque sociétaire fait près de 5 francs de bénéfice en moyenne, et de plus 2 jours 2/3 en moyenne dans la durée de la maladie.

C'est les 2 francs du médecin dont j'ai parlé, plus 3 francs de bénéfice à chaque sociétaire, sans que l'hôpital et le Bureau de Bienfaisance aient fait pour eux aucune dépense.

Ce qui prouve bien que les progrès doivent toujours être bien accueillis.

Et c'est cette belle création faite au Bureau de Bienfaisance que l'on veut détruire !

J'ajouterai de plus qu'il est mort un seul malade depuis trois années que je suis le médecin de cette Société de Secours mutuels.

Avis aux autres Sociétés qui se rendent dignes de toute la sollicitude des Administrations par leur esprit d'ordre et de prévoyance.

Roubaix. — Imp. A. Lesguillon.